多变量视角下洪旱灾害时变风险
分析理论与方法

方伟 黄强 著

中国水利水电出版社
www.waterpub.com.cn
·北京·

内 容 提 要

本书针对洪旱灾害风险管理的现实需求，深入研究干旱、洪水和干湿复合事件多变量时变风险分析理论与方法。主要研究内容及成果包括：提出了考虑双重非一致性的极值事件频率计算方法，构造了人类社会和生态系统的暴露度和脆弱性指数，评估了流域洪旱灾害和复合事件的时变风险，绘制了0.1°高分辨率风险图，阐明了风险的时空演变规律及其驱动机制。

本书适合从事水资源系统风险分析、水旱灾害防御管理等工作的专业技术人员参考，也适合水文水资源领域的科研工作者和在校研究生阅读。

图书在版编目（ＣＩＰ）数据

多变量视角下洪旱灾害时变风险分析理论与方法 /
方伟，黄强著. -- 北京：中国水利水电出版社，2023.8
ISBN 978-7-5226-1634-6

Ⅰ．①多… Ⅱ．①方… ②黄… Ⅲ．①水灾－风险分
析②干旱－风险分析 Ⅳ．①P426.616

中国国家版本馆CIP数据核字(2023)第132143号

书　　名	多变量视角下洪旱灾害时变风险分析理论与方法 DUOBIANLIANG SHIJIAO XIA HONG-HAN ZAIHAI SHIBIAN FENGXIAN FENXI LILUN YU FANGFA
作　　者	方伟　黄强　著
出版发行	中国水利水电出版社 （北京市海淀区玉渊潭南路1号D座　100038） 网址：www. waterpub. com. cn E - mail：sales@mwr. gov. cn 电话：(010) 68545888（营销中心）
经　　售	北京科水图书销售有限公司 电话：(010) 68545874、63202643 全国各地新华书店和相关出版物销售网点
排　　版	中国水利水电出版社微机排版中心
印　　刷	北京中献拓方科技发展有限公司
规　　格	184mm×260mm　16开本　8.5印张　207千字
版　　次	2023年8月第1版　2023年8月第1次印刷
印　　数	001—400册
定　　价	**58.00元**

>>> 前 言

干旱和洪水是水循环中极具破坏力的复发性气候极值现象，数千年来始终伴随着人类文明发展的全过程，造成了一系列灾害性后果。联合国减灾战略署（UNDRR）在 1995—2021 年的统计数据表明，洪旱灾害占全球自然灾害总数 49%（共发生 4581 次），影响人口超过 41 亿人次，导致 20.5 万人死亡和高达 1 万亿美元的经济损失。此外，干旱和洪水可能在短时间内连续或者交替出现，导致干湿复合事件的发生。与独立的洪旱灾害相比，干湿复合事件容易造成灾害叠加效应，引发更加剧烈的社会经济损失，成为升温背景下学术界关注的热点问题。因此，干旱和洪水一直是国际社会发展面临的重大挑战。

洪旱灾害风险管理是经济社会可持续发展的重要保障，风险评估则是风险管理的先决条件。借助高分辨率的风险评估成果容易识别出风险热点区，为高效的风险管理奠定基础。近年来，IPCC 和 UNDRR 均强调风险的多维度属性，即灾害风险不仅依赖于气候极值事件的发生概率，承灾体的暴露程度和脆弱性也是重要决定因子。在升温背景下，干旱、洪水特征（如干旱历时、烈度、洪水总量、洪峰流量等）在全球诸多流域出现了非一致性，导致灾害发生概率具有时变性；承灾体的暴露度和脆弱性也因人口经济状况、居民受教育、基础设施完善程度、防灾减灾技术、政府管理水平等影响因素的发展随时间动态变化。气候极值概率、承灾体暴露度和脆弱性中任何一个风险因子发生变化时，洪旱灾害风险也会随之改变。忽视风险的动态变化将难以确保减灾措施发挥可靠效能。因此，评估洪旱灾害多变量时变风险，揭示其演变规律与驱动机制，应当成为变化环境下灾害风险研究的重要发展方向。

基于以上背景，在国家重点研发计划"珠江流域水资源多目标调度技术与应用"（2017YFC0405900）、国家自然科学基金青年基金项目"多维视角下干旱高分辨率时变风险演变规律及其传递机制研究"（52009100）和中国博士后科学基金面上项目"干旱胁迫下黄河流域生态系统时变风险及其调控方法研究"（2021M692602）的联合支持下，笔者与合作者针对洪旱灾害风险展开研究，提出了洪旱灾害多变量时变风险分析理论与方法，系统揭示了变化环境下干旱、洪水和干湿复合事件风险的演变规律及其驱动机制。本书共分 7

章，主要内容如下。

第 1 章介绍本书的研究背景与意义，系统综述洪旱灾害风险研究的国内外进展，指出未来的发展趋势；第 2 章是研究区的自然地理概况和研究需要的气象、水文、社会经济和水利工程运行数据；第 3 章是气象干旱时变风险及其时空演变规律研究，主要包括考虑双重非一致性的干旱频率分析、社会经济系统人口-经济暴露度和脆弱性评估，耦合多元风险因子的干旱时变风险评估模型构建和干旱时变风险演变规律研究；第 4 章是西江流域洪水时变风险研究，主要包括不同峰—量组合下洪水两变量重现期计算、考虑下垫面特征和人类发展水平的承灾体脆弱性评估和洪水时变风险驱动机制解析；第 5 章将气候变化下频发的复合事件作为致灾因子，介绍相邻季节干湿复合事件时变风险研究，主要包括相邻季节干湿复合事件识别、不同等级干湿复合事件概率评估、干湿复合事件风险分析方法和干湿复合事件风险演变规律研究；第 6 章进一步将生态系统纳入承灾体范畴，介绍干旱胁迫下生态风险评估研究，主要包括植被状态与干旱相依关系模拟、概率视角下植被脆弱性评估、生态系统暴露度表征和干旱胁迫下生态风险分析；第 7 章总结主要研究成果，展望未来研究方向。

全书由方伟撰写，黄强审核。在课题研究和书稿撰写过程中，得到了冯刚、杨程、尚嘉楠、朱瑞青等研究生的大力支持，参考了同行前辈的研究成果（见参考文献），在此一并表达敬意和深深的感谢。同时，特别感谢西安理工大学省部共建西北旱区生态水利国家重点实验室对本书出版的资助。

限于作者的水平和能力，书中难免存在疏漏和不妥之处，恳请读者斧正，欢迎有关专家学者对有待讨论的问题提出深入见解。

作者

2023 年 3 月 20 日

目录

第1章 绪 论

1.1 研究背景与意义

1.1.1 研究背景

　　干旱和洪水是水循环过程中因收支不平衡形成的水分异常盈亏现象。作为复发性的水文气象极值事件，洪水和干旱数千年来伴随着人类文明孕育和发展的全过程，往往造成一系列灾害性后果。联合国减灾战略署（UNDRR）在 1995—2021 年的统计数据表明，洪旱灾害占全球自然灾害总数 49%（共发生 4581 次），影响人口超过 41 亿人次，导致 20.5 万人死亡和高达 1 万亿美元的经济损失。IPCC 集合多个气候模型的研究结果报告：具有中等信度的是，21 世纪无法逆转的气候变暖将在区域尺度上增加干旱和洪水的频率与强度。同时，频发的干旱和洪水可能导致干湿复合事件概率明显增大，即在更短时间内干旱和洪水连续或者交替出现。复合事件被定义为，同时或相继发生的多种气候极值的组合，并足以引发严重后果。与独立的气候极值相比，在时间或空间相互耦合的多种气候极值共同作用在承灾体上，容易扩大影响范围和强度，引发更加剧烈的社会经济损失。因此，干旱和洪水一直是国际社会面临的重大发展挑战，在变化环境，尤其是升温背景下，干湿复合事件也成为了学术界关注的热点问题。

　　洪旱灾害风险管理是经济和社会可持续发展的重要支撑，风险评估则是风险管理的先决条件。风险评估有助于识别气候极端事件的高风险区，为更有针对性地开展灾害管理（侧重减小当前已有风险）和减灾（侧重避免未来的风险）奠定基础。IPCC 和 UNDRR 均强调，除了极端事件本身的强度，承灾体的暴露度和脆弱性水平也是灾害风险的决定因素。例如，洪水风险大小取决于影响范围内人口和经济财产的暴露情况；干旱风险也因影响人群的脆弱程度不同（归因于差异化的健康、受教育和收入水平）而有所差异。当前，对灾害风险逐步形成了较完备的定义和计算公式（风险率＝灾害发生概率×暴露度×脆弱性），并以此开展灾害风险评估。如图 1-1 所示，采纳这一概念的优势还在于，在短期难以消除气候变化对极端事件强度和频率的不利影响前提下，明确了科学缓解灾害风险的切入点是，通过灾害管理和气候变化适应措施降低脆弱性和暴露度。因此，综合考虑气候极值频率和承灾体属性（即暴露度和脆弱性）的风险分析是洪旱灾害评估和管理的前沿课题。

　　暴露度和脆弱性在时间和空间上是动态变化的，主要依赖于承灾体的地理、环境、经济、社会、人口、文化、管理、体制等因素。这些影响因素随时间的发展和在空间上的差异，导致了个人和团体暴露度与脆弱性的时空异质性。同时，受到气候变化和人类活动共同影响，全球多个流域的气象水文系统发生明显变化，观测到降水、径流时间序列存在趋

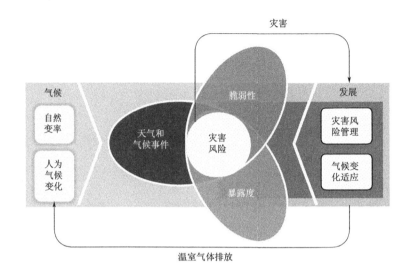

图 1-1 灾害风险的决定因素

势或跃变现象，统称为序列的非一致性。从统计学上看，出现非一致性意味着均值、方差等统计参数具有时变特征，变量的观测值不再服从同一概率分布，由此导致降水和径流极值的发生概率将成为关于时间的函数。灾害风险由于集成了时变的暴露度、脆弱性以及潜在非一致的极值事件时变概率，也将随时间动态变化。重视风险及其决定因素的动态变化本质是灾害管理成功实施的重要前提。因此，评估洪旱灾害的时变风险，揭示其演变规律，应当成为气候变化背景下风险分析的优先发展方向。

　　珠江是我国境内第三长河流，流域人口超过 1.9 亿人，GDP 达 13.5 万亿元，占全国总量近 1/6（2018 年），其下游的珠江三角洲是我国经济最活跃、人口最密集的区域之一。流域地处雨量丰沛的热带、亚热带气候区，但受东亚季风和西南季风影响，降水年内分布不均匀。秋季、冬季和春季常出现持续旱情，影响农作物生长和生态系统健康，容易在下游河口附近诱发咸潮上溯现象，直接威胁粤港澳大湾区城市群的供水安全。近百年内，旱情较重的年份有 1934 年、1943 年、1954 年、1959 年、1963 年、1966 年、1971 年、1979年、1980 年、1991 年、2003 年、2004 年、2007 年、2009 年和 2010 年。在 4—9 月的汛期，连续暴雨往往引起峰高、量大、历时长的洪水过程，同时干支流洪水遭遇概率大。近百年发生的较大洪灾就有 1915 年、1949 年、1968 年、1988 年、1994 年、1996 年、1998年、2005 年等的西江洪水、1959 年东江大洪水、1982 年北江大洪水、1991 年南、北盘江大洪水等，严重危害着沿江人民的生命和财产安全。因此，以珠江流域为研究对象，系统地评估干旱、洪水与旱涝复合事件风险是确保经济持续发展和社会长治久安的紧迫任务。

1.1.2　研究目的与意义

　　干旱和洪水是水循环中极具破坏力的极值现象，对社会经济和人类生存环境形成了长期威胁。本研究以珠江流域为研究区域，围绕人类社会和生态系统两大承灾体，以水文学、气候学、生态学等学科理论为指导，开发考虑非一致性和多元风险因子的干旱、洪水和干湿复合事件时变风险评估模型，绘制高分辨率的水资源系统风险图；系统回答"风险的来源是什么？洪旱灾害和复合事件风险呈现怎样的空间分布规律？在时间上又是如何演变及其驱动机制？"等科学问题。

因此，研究上述科学问题和实践中存在的现实问题，对于指导流域洪旱灾害风险管理，提高流域社会经济安全和生态安全保障水平具有重要指导意义，可以丰富和发展变化环境下水资源风险评估理论与方法。

1.2 国内外研究进展

1.2.1 非一致性条件下极值事件多变量频率分析

非一致性是变化环境背景下水文频率计算面临的新挑战。当水文序列出现非一致性时，基于一致性假设（认为变量的统计特征和概率分布保持稳定不变）的传统频率分析结果的可靠性将受到质疑。因此，计算干旱、洪水等气候极值频率时，应当首先诊断时间序列是否存在变异点；继而区别两种情况，在一致性或非一致性条件下，分别估计变量的恒定或者时变统计参数。常用的单变量时间序列非一致性诊断方法主要有 Mann-Kendall 方法、Spearman 秩次相关检验、Pettitt 检验、单位根检验、启发式分割法、贝叶斯变点分析法。

由于不同方法的结果通常存在差异，黄强等还提出了单变量水文序列变异综合诊断系统，通过有机融合不同方法的优势，以期获得稳健的诊断结果。在此基础上，Kang 等应用协方差加和检验（Covariance Sum Test）识别了多变量水文序列的非一致性。Xiong 等提出了 Copula 似然比（Copula-based likelihood-ratio，CLR）方法，通过检测两变量相依关系强度的变异点，诊断两变量序列的非一致性。上述单变量和多变量时间序列非一致性诊断方法，形成了变化环境下水文频率分析重要的方法基础。进而，当发现单变量序列的非一致性时，通常将时间作为研究对象概率分布参数的解释变量，可以直观地描述水文序列的趋势变化或者跃变；近年来，还有诸多研究将序列非一致性的驱动因子（主要归因于气候变化和人类活动），如气温、大气环流异常、土地利用变化、灌溉取水、水库调度等，作为分布参数的解释变量，目的在于更加准确地模拟序列的非一致统计特征。一般采用基于位置、尺度和形状参数的广义可加模型（Generalized Additive Models for Location Scale and Shape，GAMLSS）灵活地模拟解释变量与分布参数间的线性或非线性函数关系。其优势还在于提供了上百种对称、非对称、连续或者离散的备选单变量分布。在多维空间中，可以采用时变 Copula 参数表达多变量序列相依关系的非一致性，并使用边际函数推断法估计时变的 Copula 参数。

干旱和洪水等水文气象极值事件具有天然的多属性特征，单一属性难以真实描述事件全貌。例如干旱事件具有历时、烈度、起止时间、影响范围等属性；洪水事件一般需要考虑历时、洪峰、洪水总量（以下简称洪量）。为了得到可靠的评估结果，在频率分析中同时考虑气候极值的多个属性，已经成为当前研究的主要趋势。陈永勤等发现干旱历时和烈度具有高度相关性，并引入 Copula 函数构建历时—烈度联合分布，分析联合概率变化趋势及其驱动因素。徐翔宇和 AYANTOBO 等还提出了在更高维度上识别干旱的方法，分别将干旱频率分析发展至三维（历时—烈度—影响面积）和四维空间（历时—烈度—峰值—干旱期间的有效降水量）。Fan 等采用高斯混合模型拟合了洪水历时、洪峰和洪量边缘分布，推导了历时—洪峰、历时—洪量和洪峰—洪量三种组合的联合分布，全面评估了给定洪水事件的联合（两变量 OR 关系）、同现（两变量 AND 关系）和 Kendall 重现期。此外，在变化环境背景下，往往检测到干旱和洪水事件属性中存在非一致性，因此形成了在非一致性条件下开展干旱、洪水多变量频率分析的现实要求。

1.2.2　融合多元风险因子的灾害风险评估

灾害发生概率、承灾体暴露度和脆弱性是洪旱灾害风险的决定因子。如图 1-2 所示，三大风险因子是气候、陆面和社会经济系统共同作用的结果，各系统间又存在复杂的互馈关系。例如，干旱和洪水的发生一方面在很大程度取决于异常的降水状态，同时也与下垫面的蒸发、蓄水和下渗能力密切相关。归根结底，各驱动系统中任何一个状态发生变化，都会导致灾害风险的加剧或降低。因此，影响风险的因素是多方面，也是多元的。

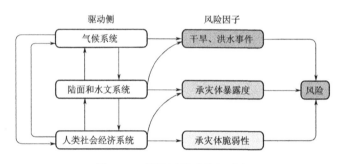

图 1-2　风险因子及其驱动力

根据 IPCC 特别报告，暴露度（Exposure）是指在自然灾害发生范围内，可能受到不利影响的人员、生计、环境服务、资源、基础设施以及经济、社会、文化资产。Ahmadalipour 等在评估非洲未来干旱风险时，用人口数量定义了各国对干旱的暴露度。Hanson 等综合人口和财产情况（采用 GDP 表征）量化了全球港口对洪涝灾害的暴露度，排序识别出美国、日本和荷兰的沿海城市暴露程度最高。Dasgupta 等专门研究了全球发展中国家对风暴潮和海平面上升的暴露度，所定义的暴露度指数更加全面地囊括了沿海地区人口、GDP、沿海面积以及细分的城市、农田和湿地面积。基于人口空间分布和表征农业及其他主要部门活动的物理要素（如农作物面积、牲畜存栏量、工业和居民用水压力等），Carrao 等提出了评估暴露度的非补偿模型（Non-compensatory model），采用数据包络分析方法（Data Envelopment Analysis）计算了承灾体对各类干旱（农业、水文和社会经济干旱）的暴露度。相比于常用的赋权法，采用非补偿模型的优势在于，暴露度指数在任何一个维度上的优越性都不能被其他维度的不足所抵消。因此，在此框架下，当人口、作物面积、牲畜数量以及水资源压力中任何一个指标足够大时，即认为该区域高度暴露在干旱影响下。总结前人研究可以发现，承灾体对各类灾害暴露度的评估研究需要融合社会经济、人口、土地利用等方面的大量数据，这些数据的可获取性往往成为此类研究的主要瓶颈。

脆弱性（Vulnerability）是指，自然灾害发生时，承灾体的暴露元（如人类、生计和资产）受到不利影响的倾向（propensity）或者趋势（predisposition）。一般情况，通过构造多维指数的方法定量表征承灾体脆弱性。脆弱性指数具有天然的多维属性，从早期仅考虑社会经济维度，发展到社会、经济和基础设施维度。最新的综述文章更加细致地将脆弱性指数分解在社会（教育、性别、健康状态、医疗水平、获取灾害信息的能力、用水量等）、经济（收入与贫穷程度、存贷款、各种保险等）、物理（各类公用基础设施数量）、犯罪与冲突、管理水平（防灾规划与策略、灾害管理立法、公众参与度、获得粮食和医疗援助的可能性等）、环境（土壤性质、水土保持措施等）、农业生产（作物类型、灌溉与施肥技术）共七大维度及其附属的 24 个子维度上。其中，最常考虑的子维度包括收入（占 1970—2018 年相关文献的 49%）、技术（47%）、教育水平（34%）和基础设施可利用性与质量（34%）。Shahid 等采用自然断点法（Natural break method）将性别比例、贫穷程度、灌区面积、田间持水能力和粮食单产量划分不同等级，然后对带有等级标签的各指标赋予权重，合成承灾体对干旱的脆弱性指数。Ahmadalipour 等基于 6 个领域（经济、能源与基础设施、医疗、土地利用、社会和水资源）的 28 个因子构造了综合脆弱性指数，并与干旱影响的历史记录对比以确保指数的可靠性，最后还预测了 2020—2100 年干旱脆弱性的发展路径。Lee 等引入德尔菲方法（Delphi technique）和压力—状态—影响—响应框架更加客观地选择了洪水易损性指数的社会、经济和环境组成因子，并采用模糊 TOPSIS 方法优化了各因子的权重。

1.2.3　水文气象极值胁迫下生态系统风险研究

由以上综述内容可见，以往风险评估研究多将人类社会作为承灾体，但 Jalava 和 Wens 等均强调生态系统同样暴露在水文气象极值的影响下。以干旱为例，其对生态系统健康的胁迫机制在于：水分参与了植被各项生理活动（种子萌发、光合、呼吸、蒸腾作用、氮、磷、钾与其他营养素的吸收），持续的水分亏损会抑其正常生理机能，导致植被生长缓慢、绿度下降、生物量减少、凋亡，甚至破坏生态系统多样性；干旱的次生灾害，例如蝗灾，还会进一步加剧对植被健康的消极影响。另外，考虑生态系统通过其生态服务功能与人类社会建立了千丝万缕联系，为人类的生存和发展奠定了物质和环境基础。因此，有必要将生态系统作为承灾对象，开展灾害胁迫下的生态风险评估研究。

当前对水文气象极值胁迫下的生态风险研究相对缺乏。李文龙等基于 SPEI 指数和 GIS 技术评估了高寒草地的干旱生态风险，但实际上仅依靠干旱发生频率表征了风险大小。刘迪等构建了"风险概率—敏感性—损失"的生态风险三维评估框架，综合考虑了干旱、洪涝、土壤污染和外部距离四种胁迫因素，形成了多源胁迫下黄土高原沟壑区生态风险的评估结果。但研究仅采用海拔高程、水域面积、距水域距离等自然地理属性表达风险概率，缺乏从频率分析入手客观评估洪旱事件的发生概率。Smith 等融合物理、化学和生物信息，为佛罗里达沼泽地区开发了基于 GIS 的生态风险指数，可用于评估生态风险与干旱、各种水资源管理措施的响应关系。综述发现，当前研究尚未遵循"风险＝灾害发生概率×暴露度×脆弱性"的完整定义，开展水文气象极值胁迫下生态风险的评估工作。与上节类似，生态系统对极值事件的暴露度和脆弱性也可以分解在不同维度上。因此，根据这一概念框架评估生态风险的一大优势是：后期的灾害风险管理可以从各个维度中的薄弱环节出发，为科学、有序地研发灾害风险管理技术创造有利条件。

在"风险＝灾害发生概率×暴露度×脆弱性"的定义下，生态系统对水文气象极值的暴露度可由植被覆盖程度或其生物质总量表征；即当植被覆盖程度高或生物质量大时，暴露度高。如何测度生态脆弱性则成为难点和重点，一般采用统计方法加以量化。NDVI、LAI、GPP 或 NPP 等指数表征了植被生长状况，SPI 或 SPEI 指数表征了水分盈亏变化；当植被状态序列与水分变化序列相关性较高时，认为植被状态更加剧烈地响应水分亏缺，干旱发生时植被易损性高，反之亦然。应用该方法，Vicente - Serrano 等通过考察 NDVI - SPEI 的相关性，绘制了植被脆弱性的全球空间分布图。Vogt 和 Bottero 等还分别对比了土壤结构（沙土、沙壤土和黏土）和植被密度具有差异的生态系统，发现植被对水分的响应关系不同，因而考虑将土壤类型和植被密度作为植被脆弱性空间异质性的解释变量。然而通过相关分析量化脆弱性的缺陷是：无法评估特定干旱情景下的脆弱程度，难以回答决策者和生态学家提出的重要关切；同时，不容易发现的是，SPI 或 SPEI 等指数同时反映了水分亏损和盈余两方面的波动，导致相关分析成果实际上并不专门指示植被对干旱（水分亏损）的响应。为此，在最新的研究中，Fang 等采用植被损失概率直观地表达植被易损性；在模拟降水变化与植被状态两变量相依结构的基础上，提出了可面向任意给定干旱情景，评估植被易损性的方法。

1.3　存在的问题及发展趋势

准确识别水文气象极值事件、综合考虑极值频率和承灾体暴露度与脆弱性评估灾害风险、揭示风险的时空演变规律及其驱动机制是灾害风险管理的先决条件。国内外学者对此开展了大量、富有成效的研究，但仍存在以下不足，值得进一步探讨。

（1）生态系统与人类社会同时暴露在灾害的不利影响下，服务功能退化的生态系统还会加剧人工系统对灾害的响应强度。然而，当前对气候极值胁迫下的生态系统风险研究较少，健全风险分析中承灾体组成部分（除受到广泛关注的人类社会外，应当进一步考虑生态系统）是当前亟需弥补的短板。

（2）气候极值同时发生或短期内相继发生所导致的复合事件正在受到与日俱增的关注。与干旱和洪水相比，复合事件代表了多变量的胁迫源，其对承灾体的影响是具有时空耦合关系的多个气候极值共同作用结果，容易引发更加严重的社会经济损失。近年来，对复合事件的研究刚刚起步，主要集中在频率分析和影响评价方面，尚未在完备的风险概念下对其风险开展评估。

（3）承灾体暴露度和脆弱性的趋势通常被认为是灾害风险变化的主要驱动因素。在气候变化背景下，气候极值可能出现的非一致性导致其发生频率（灾害风险的决定因素之一）也具有时变特征，而在以往的风险分析中通常被忽略。在灾害风险评估中，进一步考虑极值事件的非一致频率变化，并厘清时变风险的驱动力是变化环境下风险分析的一项新任务。

1.4 研究内容与技术路线

1.4.1 研究内容

针对以上不足，本研究以珠江流域为研究对象，识别气象干旱、洪水和干湿复合事件，分析流域水文气象极值（胁迫源）的空间偏好；围绕人类社会和生态系统两大承灾体，基于"风险＝灾害发生概率×承灾体暴露度×脆弱性"定义，研究考虑非一致性和多元风险因子的时变风险评估模型；在多变量视角下分别评估干旱、洪水和干湿复合事件风险，绘制0.1°×0.1°（～10km空间尺度）高分辨率风险图，最后分析风险的时空演变规律。主要研究内容如下：

（1）非一致性条件下气象干旱时变风险与演变规律研究。诊断气象干旱历时、烈度单变量和两变量关系的潜在非一致性，计算考虑非一致性的干旱单变量和两变量频率；基于承灾体的社会经济发展状况、基础设施完善程度和水资源供需关系，构建人口—经济暴露度和脆弱性指数；综合干旱发生概率、暴露度和脆弱性指数，估算干旱时变风险，分析风险的时空变化，研究气象干旱风险演变规律。

（2）洪水时变风险分析。合理确定流量门限值提取洪水样本，考虑洪峰—洪量两属性，计算洪水两变量同现重现期和联合重现期；根据社会经济发展状况、不透水陆面面积和水域面积等，构建承灾体对洪水的脆弱性指数；评估洪水风险，识别中、高风险对应的洪峰—洪量区间，同时解析洪水风险时空演变的驱动机制。

（3）相邻季节干湿复合事件的时变风险分析。定义并识别由干转湿、由湿转干、连续干燥和连续湿润4种相邻季节干湿复合事件，分析干湿复合事件的空间分布特征；考虑双重非一致性（单变量和两变量关系的非一致性），估算干湿复合事件发生概率；融合3大风险因子评估干湿复合事件风险，分析风险年代际变化与空间传播特征。

（4）干旱胁迫下生态系统风险评估研究。将生态系统作为承灾体，识别植被与降水变化的相依关系及响应时间，估算干旱条件下植被损失概率，据此直观量化干旱发生时生态系统的脆弱性；采用地表植被覆盖状况表征生态系统对灾害事件的暴露度；根据"风险＝灾害发生概率×暴露度×脆弱性"计算公式，估算干旱胁迫下流域生态风险并分析其时空偏好。

1.4.2 研究思路

针对上述研究内容，拟定的技术路线如图1-3所示，具体研究方案如下。

（1）非一致性条件下气象干旱时变风险与演变规律研究。首先，根据1979—2018年0.1°×0.1°网格化降水产品，逐像元计算SPI月值序列，通过阈值法从中提取气象干旱事件与频次、历时和烈度属性；然后，采用单位根检验和CLR方法分别诊断干旱单变量属性和历时—烈度两变量关系是否存在变异点，并基于GAMLSS模型模拟干旱属性的时变/恒定参数边缘分布和联合分布，估算基准干旱事件的超越概率；由网格化的人口和GDP数据合成0.1°分辨率的承灾体暴露度指数；同时，从人口发展（反映居民健康、教育和收入水平）、资源压力（反映水资源供需关系的紧张程度）、物理维度（反映减灾基础设施完善程度）出发，构造多维度指数，用于量化承灾体的脆弱性；最后，累乘干旱超越

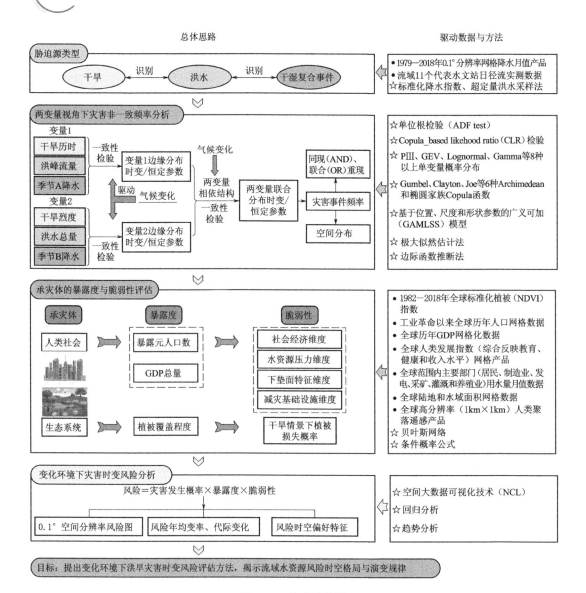

图 1-3 技术路线图

概率、暴露度和脆弱性指数,从单变量和多变量视角综合评估珠江流域干旱风险,采用
NCL 空间数据分析技术绘制高分辨率风险图;分析近 40 年干旱风险代际变化和年均变化
量,以揭示气象干旱风险的时空演变规律。该部分研究旨在解决研究不足(3)提出的
问题。

(2)西江流域洪水时变风险分析。融合样本均值法、分散系数法和年均发生次数法筛
选超定量洪水门限值,从西江流域 1997—2017 年 11 个代表水文站日实测径流系列中提取
洪水样本和洪峰、洪量、历时等属性;然后,通过 GAMLSS 模型模拟洪峰、洪量及其相
依关系的一致性/非一致统计参数,在洪峰—洪量视角下估算洪水两变量频率;在全球人
类发展指数、聚落面积和水域面积等空间大数据驱动下,从人类发展和下垫面特征两个维

度定义承灾体对洪水灾害的脆弱性；在此基础上，融合各风险因子，评估流域洪水两变量风险，绘制洪水风险图，同时识别中、高风险对应的洪峰—洪量区间；最后，通过回归分析，辨识并归因分析西江流域近 21 年洪水风险的演变趋势。

（3）相邻季节干湿复合事件的时变风险分析。参考 SPI 指数阈值系列定义中度、重度和极端 3 个等级的季节干湿状况，明确研究由干转湿、由湿转干、持续湿润和持续干燥，共 4 种相邻季节（即春—夏、夏—秋、秋—冬和冬—春）干湿复合事件；根据 1979—2018 年降水观测资料，分析干湿复合事件的空间分布特征；检验关于季节降水和相邻季节降水相依关系的一致性假设是否成立，基于时变/恒定参数 Archimedean 和椭圆家族 Copula 函数估算复合事件的发生概率；最后，综合灾害概率、暴露度和脆弱性，评估中度以上干湿复合事件时变风险，计算风险的年代际均值和年均变率，揭示近 40 年复合事件风险的趋势变化和季节偏好。该部分研究旨在解决研究不足（2）提出的问题。

（4）干旱胁迫下生态系统风险评估研究。首先，采用 0.1°分辨率的 SPI 和 NDVI 指数分别指示流域降水和植被状态变化；考察 NDVI 与变尺度 SPI 序列的 Pearson 相关系数以识别植被对降水波动的滞后响应时间，模拟植被状态与降水的两变量相依关系，基于 Baysian 网络推导任意干旱情景下植被损失的条件概率公式，并以损失概率大小直观地量化植被脆弱性；同时，采用 NDVI 指数表征生态系统对干旱灾害的暴露程度；最后，结合非一致性条件下干旱两变量频率计算结果，估算干旱胁迫下流域生态风险，并通过趋势分析研究风险的时空演变特征。这部分研究旨在解决研究不足（1）提出的问题。

第2章　研究区域与基本资料

2.1　研　究　区　概　况

2.1.1　自然地理

珠江地处我国华南地区，发源于云南省曲靖市沾益县的马雄山，自西向东流经云南、贵州、广西、广东等省（自治区），干流全长 2214km。珠江流域面积达 45.37 万 km²，地势西北高、东南低（图 2-1 所示），区内多为山地和丘陵地形，平原面积仅占 5.5%。流域西北部为海拔高度 1000～3000m 的云贵高原，云贵高原以东是平均海拔约 500m 的两广丘陵，流域下游形成了冲积平原——珠江三角洲。珠江三角洲河网交错、美丽富饶，

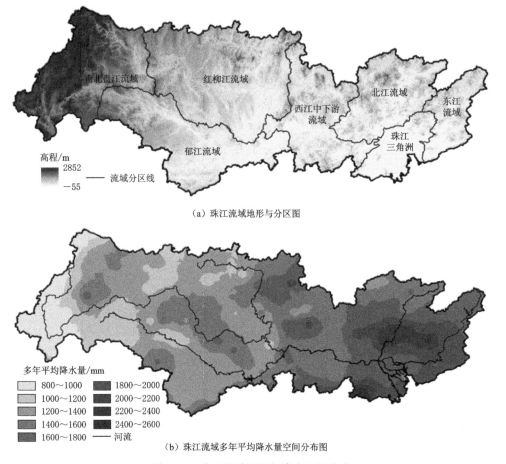

（a）珠江流域地形与分区图

（b）珠江流域多年平均降水量空间分布图

图 2-1　珠江流域地形与降水空间分布

10

是流域人口最密集和经济最发达的区域，区内还包括粤港澳大湾区（广州、深圳、佛山、东莞、肇庆、珠海、中山、江门、惠州、香港和澳门）。粤港澳大湾区人口超过 7000 万人，GDP 近 11 万亿元（2018 年），是我国人均 GDP 最高、经济实力最强的区域之一，与美国纽约湾区、旧金山湾区和日本东京湾，并称世界四大湾区。

2.1.2 气象水文

流域属于热带、亚热带季风气候区，多年平均气温 14～22℃，年平均降水量 1200～2000mm，雨量丰沛。如图 2-1 所示，受地形影响，年降水量呈由东向西递减态势，形成了众多低值和高值区。同时，降水在年内分配不均，4—9 月降水占全年总量的 70%～85%；秋、冬、春季降水量明显较少，容易发生持续旱情。

流域多年平均径流量 3381 亿 m³，是我国径流量第二大水系（仅次于长江流域），主要由西江、北江、东江和珠江三角洲组成。西江流域最大（占珠江流域 77.6%），面积约为 35.21 万 km²；北江、东江和珠三角流域面积分别是 4.67 万 km²、2.70 万 km² 和 2.68 万 km²。汛期（每年 4—9 月）流量约占全年径流量 78%；10 月至次年 3 月为枯水期，占全年总量 22%。汛期易发生暴雨型洪水；流域性的大洪水集中在 5—7 月，历时一般为 10～60 天。

除了在 0.1° 空间尺度上绘制各类极值事件的风险图，本研究还计算并对比各子流域的风险均值。其中，对子流域的划分遵循了水利部发布的全国水资源二级分区，即将珠江流域自上游向下游方向分为南北盘江、红柳江、郁江、西江中下游、北江、东江和珠江三角洲，各子流域的空间位置见图 2-1。

2.2 基 本 资 料

2.2.1 气象数据

本书使用的降水数据来自中国科学院青藏所开发的中国区域地面气象要素数据集。该数据集的时间跨度是 1979 年 1 月 1 日到 2018 年 12 月 31 日，时间分辨率 3h，包含地面降水率、近地面温度、气压、长波辐射、短波辐射、全风速和空气比湿共 7 大气象要素。数据集中的降水产品是以 NASA TRMM（Tropical Rainfall Measuring Mission）降水资料为背景场，融合中国气象局长期降水观测数据制作而成。为了验证该降水数据的可靠性，与珠江流域内 46 个气象站 1979—2018 年降水观测记录对比发现：各站降水观测值与该数据集降水产品的相关系数均大于 0.979（表 2-1），证明了该网格降水产品在珠江流域具有很好的适用性。

表 2-1　　珠江流域气象站降水观测值与 0.1°网格降水产品的相关系数

站名	相关系数	站名	相关系数	站名	相关系数
玉溪	1.000	河池	0.998	连县	0.999
蒙自	0.998	都安	0.999	广宁	1.000
泸西	0.999	南宁	0.998	高要	0.999
沾益	0.999	榕江	0.996	台山	0.999
威宁	0.979	来宾	0.998	广州	0.999

站名	相关系数	站名	相关系数	站名	相关系数
广南	0.999	灵山	0.999	佛岗	0.999
兴义	0.992	柳州	0.998	韶关	0.998
那坡	0.999	融安	0.999	增城	1.000
安顺	0.993	通道	0.998	深圳	0.999
望谟	0.994	桂平	0.999	南雄	1.000
靖西	1.000	桂林	0.998	惠阳	0.999
百色	0.996	蒙山	0.994	连平	0.999
罗甸	0.997	信宜	0.999	东源	0.995
龙州	0.998	梧州	0.998	寻乌	0.996
凤山	1.000	贺县	0.999	—	—
独山	0.993	罗定	0.999	—	—

2.2.2　水文数据

本研究收集到珠江流域 19 个水文站（主要位于西江流域）1997—2017 年日径流观测值；剔除有缺失值的站点，最终保留 11 个站点的观测数据并评估洪水风险。11 个水文站分别是江边街、天峨、迁江、武宣、大湟江口、梧州、百色、南宁、贵港、对亭和柳州站，各站点的基本信息见表 2-2。

表 2-2　　　　　　　　　　　西江流域 11 个代表水文站基本信息

水文站名	所在河段	经度	纬度	集水面积/km²
江边街	南盘江	103°37′	24°01′	2516
天峨	红水河	107°10′	25°00′	105535
迁江	红水河	108°58′	23°38′	128938
武宣	黔江	109°39′	23°35′	196655
大湟江口	浔江	110°12′	23°35′	289418
梧州	西江	111°20′	23°28′	327006
百色	右江	106°38′	23°54′	21700
南宁	郁江	108°14′	22°50′	72700
贵港	郁江	109°37′	23°05′	86300
对亭	洛清江	109°40′	24°26′	7274
柳州	柳江	109°24′	24°20′	45413

2.2.3　其他资料

在暴露度和脆弱性评估中，涉及承灾体的人口、经济、人类发展水平、主要部门用水量、水域面积、人类聚落面积、植被覆盖状况等空间大数据，对应数据集的基本信息见表 2-3。值得注意的是，这些数据集往往具有全球覆盖性，需要提取珠江流域范围内的相应数据；并采用空间插值方法，将不同空间分辨率统一到 0.1°上。

表2-3　承灾体暴露度和脆弱性评估中的支撑数据

数据集名称	开发者	空间分辨率	空间范围	时间跨度/年	数据链接
（1）Historical, gridded and country-level population	ISIMIP2a	0.5°	全球覆盖	1860—2017	https://www.isimip.org/gettingstarted/input-data-bias-correction/details/79/
（2）Historical gridded Gross Domestic Product (GDP)	ISIMIP2a	0.5°	全球覆盖	1861—2016	https://www.isimip.org/gettingstarted/input-data-bias-correction/details/81/
（3）Gridded global datasets for Gross Domestic Product and Human Development Index over 1990—2015	Matti Kummu 等	5′（弧度）	全球覆盖	1990—2015	https://datadryad.org/stash/dataset/doi:10.5061/dryad.dk1j0
（4）Global gridded monthly sectoral water use dataset for 1971—2010	Zhongwei Huang 等	0.5°	全球覆盖	1971—2010	https://zenodo.org/record/897933#.XcqgDDMzaUk
（5）Land and Water Area, v4.11 (2010)	NASA Socioeconomic Data and Applications Center (SEDAC)	30s（弧度）	全球覆盖	2010	https://sedac.ciesin.columbia.edu/data/set/gpw-v4-land-water-area-rev11
（6）Global Human Settlement Layer - Built Up (GHS-BUILT)	European Commission Global Human Settlem (GHS)	1km	全球覆盖	1975, 1990, 2000, 2014	https://ghsl.jrc.ec.europa.eu/ghs_bu2019.php
（7）NOAA Climate Data Record of Normalized Difference Vegetation Index, Version 4	NASA Goddard Space Flight Center	0.05°	全球覆盖	1981至今	https://www.ncdc.noaa.gov/cdr/terrestrial/normalized-difference-vegetation-index

在洪旱灾害风险分析时，考虑了水利工程的影响。据统计，珠江流域内已建成 1.4 万余座水利工程，在流域防汛抗旱和国民经济发展中发挥着积极作用。本研究重点考虑了其中的大型水利工程：天生桥一级、龙滩、岩滩、长洲、西津、新丰江、飞来峡等，主要水利工程的技术参数见表 2-4。

表 2-4　　　　　　　　　　珠江流域主要水利工程技术参数

水利枢纽名称	正常蓄水位/m	总库容/亿 m³	调节库容/亿 m³	调节性能	所在河段
天生桥一级	780	102.57	57.96	不完全多年	南盘江
龙滩	400	273.00	205.30	多年	红水河
岩滩	223	33.50	4.23	不完全年	红水河
长洲	20.6	56.00	3.4	日	西江
西津	61.5	30.00	3.26	不完全季	郁江
新丰江	116	138.96	64.89	多年	东江
飞来峡	24	19.04	3.15	不完全日	北江

第3章 非一致性条件下气象干旱时变风险与时空演变规律研究

3.1 概　　述

干旱指在一个时段内可用水量（降水、地表水或地下水）持续低于历史观测的平均水平。干旱是最有破坏力的自然灾害之一，频繁且严重的干旱容易导致农作物减产、土地和生态系统功能退化、不同用水主体之间的利益冲突加剧、河湖水质恶化、山火等。珠江流域经济发展程度高、人口密集，但水资源时空分布明显不均，极易发生干旱，导致社会经济损失。以往研究还表明，珠江流域在枯水期降水进一步减少；流域西部也有变旱趋势。因此，有必要评估珠江流域干旱风险，识别高风险区并研究风险的时空演变规律，为更有针对性地开展干旱早期应对和减灾工作奠定基础。

传统的水文频率分析以一致性假设为基础，要求所关注变量的统计特征不随时间改变。然而，非一致的气候背景（以升温为显著特点）驱动干旱发生时间、强度、历时、频次等属性发生了明显变化。例如，Ahmed 等在巴基斯坦大部发现 1901—2010 年间干旱平均烈度呈增长态势。因此，考虑干旱属性的潜在非一致性是气候变化背景下干旱频率分析的现实需要。此外，IPCC 和 UNDRR 均强调承灾体暴露度和脆弱性是灾害风险的重要决定因素，因为并非极端的灾害事件在高脆弱性和高暴露度区域足以造成严重后果。

综上所述，本章在传统风险评估框架内，进一步考虑干旱属性潜在的非一致性和承灾体的暴露度和脆弱性特征，建立干旱两变量风险评估模型，并绘制高分辨率干旱风险图。

3.2 研　究　方　法

基于上述分析，本研究提出考虑二元非一致性的干旱两变量风险评估模型，模型的构建思路如图 3-1 所示。其中，二元非一致性是指：①单变量干旱属性（历时或烈度）可能存在的非一致性；②两变量历时—烈度关系潜在的非一致性。构建二元非一致性的干旱两变量风险评估模型的步骤如下：

首先，进行两变量干旱非一致频率分析，主要步骤包括识别干旱事件、检验干旱属性（同时考虑干旱历时和烈度）是否保持一致性、当一致性遭到破坏时采用 GAMLSS 模型拟合干旱属性的时变参数边缘分布、模拟干旱历时—烈度的两变量相依关系并计算给定干旱事件的发生概率。

其次，根据承灾体的社会经济发展现状和水资源供需关系，计算人口—经济暴露度指数和脆弱性指数。

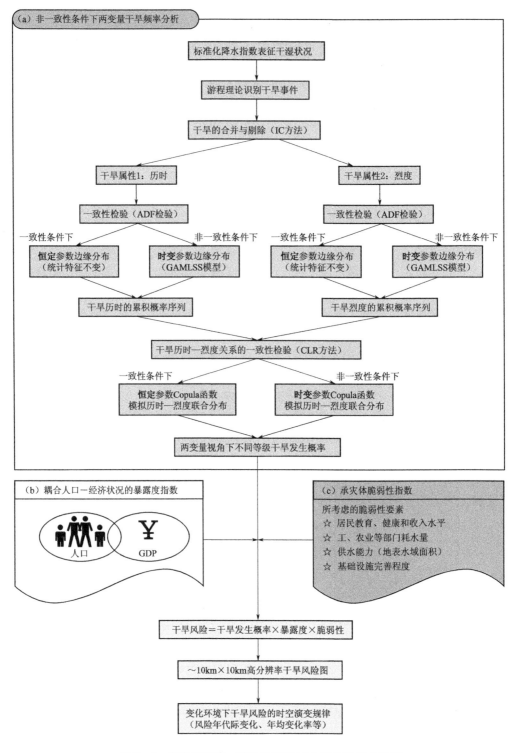

图 3-1　考虑二元非一致性的两变量干旱风险评估模型

最后，在"风险＝灾害发生概率×承灾体暴露度×脆弱性"的定义下，评估干旱风险，绘制高分辨率（0.1°×0.1°）干旱风险图。

值得一提的是，所开发的风险评估模型由于综合考虑干旱历时、烈度和两者关系的潜在非一致性，能够评估任一干旱发生年份的风险，进而计算风险变率，有利于揭示变化环境下干旱风险的演变规律。

3.2.1　基于游程理论的干旱识别

干旱是多属性灾害事件，常用历时（drought duration）、烈度（severity）、强度（intensity）、起始时间（onset）、结束时间（termination）等属性表征，如图 3-2 所示。

世界气象组织（World Meteorological Organization）推荐使用标准化降水指数（Standardized Precipitation Index，SPI）表征降水振荡。其一大优势在于，从降水发生概率出发，提供了一套区分不同程度（即中度、重度和极端）降水亏损的阈值（见表 3-1）。因此，本章对月值降水序列标准化处理后，计算 1 个月尺度的 SPI 指数。随后，根据游程理论（Run theory），设定 SPI 阈值等于－1，截断 1 个月尺度 SPI 序列，识别干旱事

表 3-1　基于 *SPI* 阈值的干湿状态分类

干湿类别	*SPI* 范围
极端湿润	$SPI \geqslant 2$
重度湿润	$1.5 \leqslant SPI < 2$
中度湿润	$1 \leqslant SPI < 1.5$
正常状态	$-1 < SPI < 1$
中度干旱	$-1.5 < SPI \leqslant -1$
重度干旱	$-2 < SPI \leqslant -1.5$
极端干旱	$SPI \leqslant -2$

件并提取干旱属性。在一个有限长度的时间序列中，将满足筛选条件（$SPI \leqslant -1$）的元素组成的连续子序列，称为一个"游程"。干旱事件历时 D 被定义为游程的长度；在一个游程内，满足筛选条件的 SPI 值与阈值之间的累积亏缺量是干旱烈度 S，数学表达式为 $S = \sum_{i=T_o}^{T_t} [(-1) - SPI_i]$。其中，$T_o$ 和 T_t 分别代表干旱的起始（onset）和结束（termination）时间；同时，将干旱烈度与历时的比值定义为干旱强度（$I = S/D$），用于量化干旱期水分的平均亏缺程度。由上述表达式可知，已知干旱历时、烈度和强度中任意两者，可以推求第三个干旱属性。因此，与诸多前人研究类似，本章从历时—烈度两变量视角出发，计算干旱频率和评估干旱风险。

3.2.2　干旱事件的合并与剔除

实践表明，采用游程理论从较短尺度 SPI 序列中往往提取到为数众多的微小（历时短和烈度低为特征）干旱事件；同时，识别出的相邻干旱事件可能存在一定相关性，即并非完全独立。

一组相互关联的干旱事件往往出现在一个较长干旱时期。如图 3-3 所示中 Case 1，当降水频繁振荡时，大于干旱阈值的短期降水（实际难以真正缓解旱情）会将一个完整干旱过程割裂成许多个并非真正独立的干旱事件。当相邻干旱事件的间隔时间足够小或间隔时间内降水大于干旱阈值的累积量（该超越量表征缓解干旱的能力）足够小时，有理由认为这两个相邻的干旱事件是相互关联的，隶属于同一干旱事件。因此，为了获得独立的干旱样本，需要对游程理论提取的、具有相关性的干旱事件序列进行必要的合并处理。Zelenhasic 和 Salvai 提出了干旱合并的间隔时间法（Inter-event time method，IT method）：当间隔时间小于预先设定值，即认为相邻干旱存在时间关联性，被合并为一场

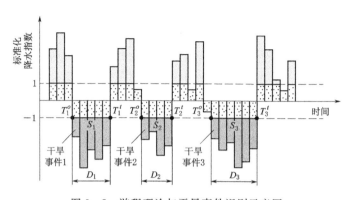

图 3-2　游程理论与干旱事件识别示意图

D、S、T_o 和 T_t——干旱历时、烈度、起始时间和结束时间

干旱。Madsen 和 Rosbjerg 在 IT 方法中进一步融入间隔时间内超越量的准则（Inter - event volume criterion，IV criterion），开发了同时考虑间隔时间和超越量的干旱合并方法（Inter - event time and volume criterion - based method，IC method），得到了广泛应用。其他常用的干旱合并方法还包括滑动平均法（Moving - average procedure）和连续峰值算法（Sequent peak algorithm）。本章选取 IC 方法识别与合并相互关联的连续干旱事件。

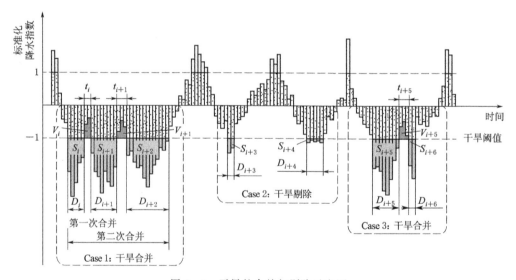

图 3-3　干旱的合并与剔除示意图

干旱合并操作后，以短历时和低烈度为特征的微小型干旱依然可能存在（如图 3-3 所示中 Case 2）。考虑到干旱影响的累积效应，持续时间长、水分亏损程度大的干旱事件容易在社会、经济、生态系统等承灾体引发更为不利后果，其发生频次和风险受到决策者的密切关注；微小型干旱则主要体现了降水的短期异常波动，影响有限。同时，干旱频率分析的实践表明，众多微小干旱事件的存在会扭曲历时和烈度的概率分布，随后在估计严重旱情的发生概率时，容易导致较大误差。因此，有必要在干旱合并基础上，进一步剔除微小干旱，提高干旱频率分析结果的可靠性。常用的方法是，待检测干旱的历时（或烈

度）如果小于平均历时（或烈度）的特定百分位数，即被认为是微小型干旱并予以剔除。

图 3-3 示意的干旱合并与剔除过程，主要步骤如下：

对于连续发生的两个干旱事件，其干旱属性分别为 (D_i, S_i, T_i^o, T_i^t) 和 $(D_{i+1}, S_{i+1}, T_{i+1}^o, T_{i+1}^t)$。当满足以下两个条件时，合并相互关联的相邻两场干旱，并得到一个新的干旱事件：

条件（1）相邻干旱的间隔时间 t_i 小于临界值 t_c；

条件（2）相邻干旱的间隔时间 t_i 内超越量 V_i 与前一干旱事件烈度 S_i 的比值小于 ρ_c。

其中，相邻干旱时间间隔 t_i 内超越量定义为 SPI 大于干旱阈值（$SPI=-1$）的累积量，表达式见式（3.1）

$$V_i = \sum_{k=T_i^t}^{T_{i+1}^o} [SPI_k - (-1)] \qquad (3.1)$$

合并后，干旱历时和烈度属性更新为式（3.2）

$$\begin{cases} D_{\text{pooled}} = D_i + t_i + D_{i+1}, & \text{当 } t_i \leqslant t_c \\ S_{\text{pooled}} = S_i - V_i + S_{i+1}, & \text{当 } V_i/S_i \leqslant \rho_c \end{cases} \qquad (3.2)$$

式中：D_{pooled} 和 S_{pooled} 分别代表合并后干旱的历时和烈度。

按照上述步骤，重复执行干旱合并过程，直到任意相邻干旱事件均不满足条件（1）和条件（2）为止。

随后，按照时间顺序依次检验干旱事件的历时和烈度属性。当干旱历时（或烈度）与干旱事件序列的平均历时 $\overline{D}$（或平均烈度 $\overline{S}$）的比值小于阈值 r_d（对于烈度属性，阈值记为 r_s）时，则该干旱事件被认为是微小型干旱并予以剔除，对应的数学表达式见式（3.3）

$$\text{设置} \quad D_i = 0 \quad S_i = 0, \quad \text{当 } D_i/\overline{D} < r_d \text{ 或 } S_i/\overline{S} < r_s \qquad (3.3)$$

应注意，干旱合并与剔除结果对参数 t_c、ρ_c、r_d 和 r_s 非常敏感，Tabrizi 和 Sarailidis 等对参数的优选开展了专门研究。根据 Tu 等在珠江流域的敏感性分析成果，设定 $t_c=10$ 天、$\rho_c=0.2$ 和 $r_d=r_s=0.41$。

3.2.3 考虑非一致性的干旱属性边缘分布拟合

传统的水文统计分析是以一致性假设为基础，要求水文气象变量的统计特征（如均值、方差等）不随时间变化，保持恒定。然而，受气候变化和人类活动共同影响，水循环速率发生改变，水文气象变量的统计特征是否仍然保持一致性，有待进一步验证，成为当前的研究热点。如图 3-4 所示分别示例了一致性和非一致性假设下，干旱历时的概率分布如下。

（1）由图 3-4（a）可知，干旱历时序列保持一致性时，其统计参数和概率分布不变；对于所考察的干旱历时 D_0，超越概率 $P(d \geqslant D_0)$ 也不随时间变化，即有 $q_1 = q_2 = \cdots = q_t = q_{t+1}$。

（2）由图 3-4（b）可知，当一致性被破坏时，干旱历时的统计参数成为随时间变化的函数，概率分布随之改变；D_0 对应的超越概率不再保持恒定，即 $q_1' \neq q_2' \neq \cdots \neq q_t' \neq q_{t+1}'$。

在此背景下，如果不加区分地认为干旱属性继续保持一致性，频率分析及其后续的风

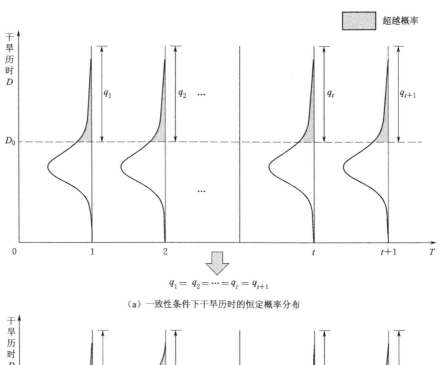

（a）一致性条件下干旱历时的恒定概率分布

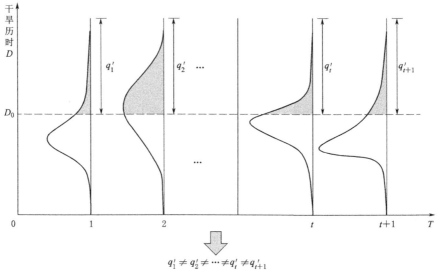

（b）非一致性条件下干旱历时的时变概率分布

图 3-4 一致性和非一致性假设下干旱属性的概率分布（以干旱历时为例）

险评估结果将存在明显偏差。因此，有必要首先通过单位根检验（Augmented Dickey-Fuller test）分析干旱历时和烈度的一致性，继而分情况拟合研究对象的边缘分布。

1）一致性条件下干旱属性的恒定参数概率分布

当 ADF 检验表明干旱历时和烈度序列的一致性成立时，认为其统计特征保持不变。所以，可以采用恒定参数的概率分布分别拟合历时和烈度序列。如表 3-2 所示，考虑了 8 种边缘分布，包括指数（Exponential）、正态（Normal）、耿贝尔（Gumbel）、逻辑斯蒂（Logistic）、对数正态（Lognormal）、两参数的伽马（Gamma）、韦布尔（Weibull）和三参数的广义伽马（Generalized gamma）分布。依据 SBC（Schwarz Bayesian information criterion）准则 [式（3.4）] 评价 8 种备选分布的拟合优度，从中选取 SBC 值最小的分布作为干旱历时或烈度的最优分布。

$$SBC = GD + \log(n) \times df = -2\log L(\hat{\theta}) + \log(n) \times df \tag{3.4}$$

式中：GD 为全局拟合偏差；df 是自由度数目；$\hat{\theta}$ 和 n 分别代表概率分布参数的估计值和参数个数；$L(\cdot)$ 代表对数似然函数值。

应注意，干旱历时和烈度均为正值，备选的 Normal、Gumbel 和 Logistic 分布则更加广泛地定义（$-\infty$，$+\infty$）上。为了更加准确地拟合历时和烈度概率分布，需要对其截断，将其重新定义在正值区间，修正后的累积概率改写为式（3.5）

$$F'(x) = \frac{F(x) - F(0)}{1 - F(0)} = \frac{\int_{-\infty}^{x} f(x \mid \theta) \mathrm{d}x - \int_{-\infty}^{0} f(x \mid \theta) \mathrm{d}x}{1 - \int_{-\infty}^{0} f(x \mid \theta) \mathrm{d}x} \tag{3.5}$$

式中：$f(x \mid \theta)$ 为概率密度函数；θ 代表分布参数。

2）非一致性条件下干旱属性的时变参数概率分布

当干旱历时和烈度的一致性假设不再成立时，需要模拟概率分布参数的动态变化。本章引入可综合考虑位置、尺度和形状参数的广义累加模型（Generalized additive models for location，scale and shape，GAMLSS）。GAMLSS 模型最早由 Rigby 和 Stasinopoulos 提出，其基本假设在于建立研究对象（亦称响应变量）概率分布参数与解释变量的函数关系，用于模拟非一致性条件下响应变量的时变统计特征。实践证明，GAMLSS 模型大大提高了对时间序列非一致统计特征的表达能力，被广泛应用于变化环境下极端降水、洪水和干旱频率分析。

在 GAMLSS 模型中，假设响应变量 Y 的 n 个独立观测值 y_i（$i = 1, 2, \cdots, n$）服从概率分布 $f(y_i \mid \Theta^i)$。其中，$\Theta^i = (\theta_1^i, \theta_2^i, \theta_3^i, \theta_4^i) = (\mu^i, \sigma^i, \nu^i, \tau^i)$ 是概率分布参数组成的向量；通常称 μ 和 σ 为位置和尺度参数，ν 和 τ 是形状参数，分别表征分布的歪度和峭度。Rigby 和 Stasinopoulos 定义了连接函数（link function），用于建立概率分布参数与其解释变量的联系，表达式见式（3.6）

$$g_k(\boldsymbol{\theta}_k) = \boldsymbol{\eta}_k = \boldsymbol{X}_k \boldsymbol{\beta}_k + \sum_{j=1}^{J_k} \boldsymbol{Z}_{jk} \boldsymbol{\gamma}_{jk} \tag{3.6}$$

即

$$\left. \begin{aligned} g_1(\boldsymbol{\mu}) &= \boldsymbol{\eta}_1 = \boldsymbol{X}_1 \boldsymbol{\beta}_1 + \sum_{j=1}^{J_1} \boldsymbol{Z}_{j1} \boldsymbol{\gamma}_{j1} \\ g_2(\boldsymbol{\sigma}) &= \boldsymbol{\eta}_2 = \boldsymbol{X}_2 \boldsymbol{\beta}_2 + \sum_{j=1}^{J_2} \boldsymbol{Z}_{j2} \boldsymbol{\gamma}_{j2} \\ g_3(\boldsymbol{v}) &= \boldsymbol{\eta}_3 = \boldsymbol{X}_3 \boldsymbol{\beta}_3 + \sum_{j=1}^{J_3} \boldsymbol{Z}_{j3} \boldsymbol{\gamma}_{j3} \\ g_4(\boldsymbol{\tau}) &= \boldsymbol{\eta}_4 = \boldsymbol{X}_4 \boldsymbol{\beta}_4 + \sum_{j=1}^{J_4} \boldsymbol{Z}_{j4} \boldsymbol{\gamma}_{j4} \end{aligned} \right\}$$

式中：$g_k(\cdot)$ 代表连接函数；$\boldsymbol{\theta}_k$、$\boldsymbol{\mu}$、$\boldsymbol{\sigma}$、$\boldsymbol{\upsilon}$ 和 $\boldsymbol{\tau}$ 是长度为 n 的列向量；$\boldsymbol{\eta}_k$ 是连接函数值；$\boldsymbol{X}_k$ 是 $n \times J_k$ 的已知矩阵，对应 n 个时段的解释变量值；$\boldsymbol{\beta}_k = (\beta_{1k}, \beta_{2k}, \cdots, \beta_{J_k k})^T$ 是待求解的参数向量，维度为 J_k；$\boldsymbol{Z}_{jk}$ 是 $n \times q_{jk}$ 的已知设计矩阵；$\boldsymbol{\gamma}_{jk}$ 是由随机变量组成的列向量，维度等于 q_{jk}。

在式（3.6）中，$\boldsymbol{X}_k\boldsymbol{\beta}_k$ 和 $\boldsymbol{Z}_{jk}\boldsymbol{\gamma}_{jk}$ 分别被称为参数项和随机项。参数项有多种表达形式，有助于灵活地模拟概率分布参数和解释变量之间的线性或非线性关系；随机项起到平滑作用，为两者相依关系模拟提供了更多灵活性。连接函数的形式决定于概率分布参数的取值范围；当参数 $\theta_k \in \Re$ 时，$g(\theta) = \theta$；而当 $\theta_k > 0$ 时，$g(\theta) = \ln(\theta)$，目的是确保 $g(\theta)$ 可以在 $(-\infty, +\infty)$ 范围内灵活地变化。通常采用 CG 或者 RS 算法求解 GAMLSS 模型，寻优目标是最大化带有惩罚项的极大似然函数（Penalized likelihood function）。

总体讲，GAMLSS 模型的显著优势在于广受欢迎的灵活性：

（1）不仅限于模拟指数家族分布（包括指数、正态分布等），提供了更广泛、各种高度歪斜的备选分布函数（多达 101 种），用户还可以根据需要自行修改和定义概率分布；

（2）除了位置参数，能够同时模拟概率分布的尺度（scale）和形状（shape）参数，这两个参数与所关心变量的离散程度（dispersion）、歪度（skewness）和峭度（kurtosis）密切相关；

（3）概率分布参数可被灵活地表达成各种协变量（或称解释变量）的线性、非线性、全参数（parametric）和累加非参数（additive nonparametric）函数形式。

本节将识别出的干旱发生时间（Drought onset）作为解释变量，建立历时/烈度概率分布参数与干旱发生时间的函数关系。有别于以往研究多拟合两者的线性关系，本研究采用 GAMLSS 模型的半参数累加形式，将概率分布参数表达为干旱起始时间的 3 次样条函数，有利于捕捉可能存在的非线性关系。以最大化似然函数为目标，计算备选概率分布的时变参数。依据 SBC 准则［式（3.4）］从 8 种备选分布中筛选最优的干旱历时和烈度概率分布。计算过程在 R 环境中执行，使用 GAMLSS 和 gamlss.tr packages。

3.2.4 考虑干旱历时—烈度关系非一致性的联合分布模拟

得到干旱历时和烈度的边缘分布后，从两变量视角出发开展干旱频率分析，主要步骤如下。

（1）采用 Copula 函数似然比方法（Copula‑based likelihood‑ratio test，CLR test）检验干旱历时—烈度关系的一致性假设是否成立。

（2）一致性成立时，采用恒定参数 Copula 函数模拟干旱历时—烈度的联合分布；一致性假设无法满足时，利用参数时变的 Copula 函数模拟非一致的干旱历时—烈度相依关系，建立两者的联合分布。

（3）考虑干旱历时—烈度两变量属性，估算干旱事件的发生概率，分析干旱频率的时空格局。

1. 干旱历时—烈度两变量关系一致性的检验

Copula 函数是构建多变量联合分布的一种快速且有效的方法，它将复杂的多变量概率分布模拟过程简化为拟合各单变量的边缘分布和模拟多变量之间的相依关系。不同类型 Copula 函数与其参数分别表征了随机变量相依结构的形状和强度。有鉴于此，Xiong 等提出了检测多变量相依关系一致性的 CLR 方法，应用于洪水多属性（频率-峰值-持续时间）关系、径流—泥沙关系变点（change point）检测等诸多水文学研究。

CLR 方法的基本假设是，固定 Copula 函数类型不变，通过检测其参数 $\boldsymbol{\theta}_c$ 的变化来分析多变量水文序列相依结构强度的变点。已知 $\boldsymbol{y}_1$，$\boldsymbol{y}_2$，$\cdots$，$\boldsymbol{y}_n$ 是 d 维随机变量观测值组成的时间序列，其中 $\boldsymbol{y}_i=(y_{1,i},y_{2,i},\cdots,y_{d,i})$，$i=1,2,\cdots,n$。观测值所在总体服从概率分布 $F(\boldsymbol{y}_1|\boldsymbol{\theta}_{c,1})$，$F(\boldsymbol{y}_2|\boldsymbol{\theta}_{c,2}),\cdots,F(\boldsymbol{y}_n|\boldsymbol{\theta}_{c,n})$，$\boldsymbol{\theta}_{c,i}$ 是不同时段对应的 Copula 参数。在 CLR 检验中，原假设是多变量的相依结构不存在变点（即所有观测值服从同一概率分布），数学表达式见式（3.7）：

$$H_0： \quad \boldsymbol{\theta}_{c,1}=\boldsymbol{\theta}_{c,2}=\cdots=\boldsymbol{\theta}_{c,i}=\cdots=\boldsymbol{\theta}_{c,n}=\boldsymbol{\eta}_0 \tag{3.7}$$

备择假设（H_1）为：存在 k^* 且 $1\leqslant k^*<n$，使得 $\boldsymbol{\theta}_{c,1}=\boldsymbol{\theta}_{c,2}=\cdots=\boldsymbol{\theta}_{c,k^*}=\boldsymbol{\eta}_1$，$\boldsymbol{\theta}_{c,k^*}=\cdots=\boldsymbol{\theta}_{c,n}=\boldsymbol{\eta}_2$，并且 $\boldsymbol{\eta}_1\neq\boldsymbol{\eta}_2$。

构造基于 Copula 函数的似然比 Λ_k ［式（3.8）］。当 Λ_k 较小时，拒绝原假设 H_0，并认为多变量相依结构存在变点 k^*。

$$\Lambda_k=\frac{L_n(\hat{\boldsymbol{\eta}}_0)}{L_k(\hat{\boldsymbol{\eta}}_1)L_{n-k}^*(\hat{\boldsymbol{\eta}}_2)}=\frac{\prod_{i=1}^{n}c(\boldsymbol{u}_i|\hat{\boldsymbol{\eta}}_0)}{\prod_{i=1}^{k}c(\boldsymbol{u}_i|\hat{\boldsymbol{\eta}}_1)\prod_{i=k+1}^{n}c(\boldsymbol{u}_i|\hat{\boldsymbol{\eta}}_2)} \tag{3.8}$$

式中：$L_n(\cdot)$ 代表整个样本序列（长度为 n）的似然函数；$L_k(\cdot)$ 和 $L_{n-k}^*(\cdot)$ 分别是检验点 k 以前和以后的似然函数；$c(\cdot)$ 表示 Copula 概率密度函数；$\hat{\boldsymbol{\eta}}_0$、$\hat{\boldsymbol{\eta}}_1$ 和 $\hat{\boldsymbol{\eta}}_2$ 分别是 Copula 函数参数 $\boldsymbol{\eta}_0$、$\boldsymbol{\eta}_1$ 和 $\boldsymbol{\eta}_2$ 的极大似然估计值。

将式（3.8）改写为对数形式，可得式（3.9）

$$-2\ln(\Lambda_k)=2\{\ln[L_k(\hat{\eta}_1)]+\ln[L_{n-k}^*(\hat{\eta}_2)]-\ln[L_n(\hat{\eta}_0)]\} \tag{3.9}$$

进一步，构造对数形式的统计检验量见式（3.10）

$$Z_n=\max_{1\leqslant k<n}[-2\ln(\Lambda_k)] \tag{3.10}$$

当 Z_n 大于给定显著性水平（例如 5%）对应的阈值时，拒绝原假设。似然比统计量 $Z_n^{1/2}$ 服从渐近分布，见式（3.11）

$$P(Z_n^{1/2}\geqslant z)=\frac{z^p\exp(-z^2/2)}{2^{p/2}\Gamma(p/2)}\times\left[\ln\frac{(1-h)(1-l)}{hl}-\frac{p}{z^2}\ln\frac{(1-h)(1-l)}{hl}+\frac{4}{z^2}+O\left(\frac{1}{z^4}\right)\right] \tag{3.11}$$

式中：当 z 趋近于无穷大时，$h=l=[\ln(n)]^{3/2}$；p 是存在一个变点的 Copula 函数的参数数目。

将 $z=Z_n^{1/2}$ 代入式（3.11），如果计算得到 P 值小于 0.05，则在 5% 显著性水平下拒绝原假设；同时，多变量相依关系存在变点，变点位置通过式（3.12）计算

$$k^*=\underset{1\leqslant i<n}{\operatorname{argmax}}[-2\ln(\Lambda_k)] \tag{3.12}$$

2. 基于恒定/时变参数 Copula 的历时—烈度联合分布拟合

本章采用 Copula 函数构造干旱历时—烈度的两变量联合分布。受 GAMLSS 模型启发，更一般地推导了非一致性条件下 Copula 时变参数 $\theta_{c,t}$ 的推断方法。

假设 n 个干旱事件对应的历时和烈度序列分别是 $\boldsymbol{D}=\{D_1,\cdots,D_i,\cdots,D_n\}$ 和 $\boldsymbol{S}=\{S_1,\cdots,S_i,\cdots,S_n\}$。在拟合出干旱历时和烈度的单变量边缘分布后，可以计算各历时、烈度观测值对应的累积概率，分别记为 $\boldsymbol{u}_D=\{u_{D,1},\cdots,u_{D,i},\cdots,u_{D,n}\}$ 和 $\boldsymbol{u}_S=\{u_{S,1},\cdots,u_{S,i},\cdots,u_{S,n}\}$。根据时变参数 Copula 函数建立的干旱历时—烈度联合分布表达见式（3.13）

$$P(d\leqslant D_i,s\leqslant S_i)=F_{D,S}(D_i,S_i)=C(u_{D,i},u_{S,i}\mid\theta_{c,i}) \tag{3.13}$$

与 GAMLSS 模型类似，为了估算 Copula 时变参数，引入解释变量，定义连接函数［式（3.14）］用于描述 Copula 时变参数与解释变量之间的函数关系：

$$g(\boldsymbol{\theta}_c)=\boldsymbol{\eta}=\boldsymbol{\beta}_0+\boldsymbol{X}\boldsymbol{\beta} \tag{3.14}$$

式中：$\boldsymbol{\theta}_c=(\theta_{c,1},\cdots,\theta_{c,n})^T$ 是 Copula 时变参数组成的列向量；$\boldsymbol{\eta}$ 是连接函数值；$\boldsymbol{X}=(\boldsymbol{X}_1,\cdots,\boldsymbol{X}_n)^T$ 代表解释变量的 n 个观测值；$\boldsymbol{\beta}_0$ 和 $\boldsymbol{\beta}$ 表示待求解的参数向量。

下面，根据干旱历时—烈度关系的一致性假设成立与否，分情况给出连接函数的表达式：

（1）当两变量关系保持一致性时，Copula 参数是不随时间变化的恒定值，连接函数表示成式（3.15）

$$g(\boldsymbol{\theta}_c)=\boldsymbol{\eta}=\text{constant} \tag{3.15}$$

（2）当一致性假设破坏时，Copula 参数是随时间变化的函数。因而引入干旱事件的发生时间 onset，作为解释变量，连接函数改写为式（3.16）

$$g(\boldsymbol{\theta}_c)=\boldsymbol{\eta}=\beta_0+\text{onset}\beta_1 \tag{3.16}$$

进一步，采用边际函数推断法（Inference function for Marginal method，IFM），通过最大化对数似然函数［式（3.17）］，求解 Copula 参数 $\theta_{c,t}$。

$$L(\boldsymbol{\theta}_D,\boldsymbol{\theta}_S,\boldsymbol{\theta}_c)=\sum_{i=1}^{n}\ln[c(u_{D,i},u_{S,i}\mid\theta_{c,i})]+\sum_{i=1}^{n}\ln[f_D(D_i\mid\theta_{D,i})]+\sum_{i=1}^{n}\ln[f_S(S_i\mid\theta_{S,i})]$$

$$\tag{3.17}$$

式中：$c(\cdot)$ 是 Copula 的概率密度函数；$f_D(\cdot)$ 和 $f_S(\cdot)$ 分别代表干旱历时、烈度边缘分布的概率密度函数。

在 IFM 方法中，由于先前已经通过拟合干旱历时和烈度的边缘分布得到公式等号右侧第二、第三项的最大值，所以只需最大化等号右边第一项（$\sum_{i=1}^{n}\ln[c(u_{D,i},u_{S,i}\mid\theta_{c,i})]$），即可求得最优的 β_0 和 β_1，见式（3.18）

$$\begin{cases}[\hat{\beta}_0,\hat{\beta}_1]=\text{argmax}\left\{\sum_{i=1}^{n}\ln[c(u_{D,i},u_{S,i}\mid\theta_{c,i})]\right\}\\g(\theta_{c,i})=\beta_0+\text{onset}_i\beta_1\end{cases} \tag{3.18}$$

最后，将 β_0 和 β_1 的估计值代入式（3.16），计算 Copula 函数的估计值。

在 Copula 参数估计的基础上，还设置了 Gaussian，Clayton，Gumbel，Frank 和 Joe 五种单参数的备选 Copula 函数（见表 3-3）；依照 BIC 准则选择最优的 Copula 函数，建立干旱历时—烈度的联合分布。

3. 考虑历时—烈度属性的两变量干旱概率估算

在计算任意关注的干旱事件（历时为 $D_{\text{con.}}$，烈度为 $S_{\text{con.}}$）发生概率时，通常考虑以

表 3 - 2 8种备选边缘分布及其主要特征

分布名称	概率密度表达式	定义域和参数范围	连 接 函 数
Exponential	$f_Y(y|\mu)=1/\mu\exp(-y/\mu)$	$y>0,\mu>0$	$g_1(\mu)=\ln(\mu)$
Normal	$f_Y(y|\mu,\sigma)=1/\sqrt{2\pi}\sigma\exp[-(y-\mu)^2/2\sigma^2]$	$-\infty<y<\infty,-\infty<\mu<\infty,\sigma>0$	$g_1(\mu)=\mu,g_2(\sigma)=\ln(\sigma)$
Gumbel	$f_Y(y|\mu,\sigma)=1/\sigma\exp\{(y-\mu)/\sigma-\exp[(y-\mu)/\sigma]\}$	$-\infty<y<\infty,-\infty<\mu<\infty,\sigma>0$	$g_1(\mu)=\mu,g_2(\sigma)=\ln(\sigma)$
Logistic	$f_Y(y|\mu,\sigma)=1/\sigma\cdot\exp[-(y-\mu)/\sigma]\{1+\exp[-(y-\mu)/\sigma]\}^{-2}$	$-\infty<y<\infty,-\infty<\mu<\infty,\sigma>0$	$g_1(\mu)=\mu,g_2(\sigma)=\ln(\sigma)$
Lognormal	$f_Y(y|\mu,\sigma)=1/\sqrt{2\pi\sigma^2}1/y\cdot\exp\{-[\ln(y)-\mu]^2/(2\sigma^2)\}$	$y>0,-\infty<\mu<\infty,\sigma>0$	$g_1(\mu)=\mu,g_2(\sigma)=\ln(\sigma)$
Gamma	$f_Y(y|\mu,\sigma)=y^{1/\sigma^2-1}\exp[-y/(\sigma^2\mu)][(\sigma^2\mu)^{1/\sigma^2}\Gamma(1/\sigma^2)]$	$y>0,\mu>0,\sigma>0$	$g_1(\mu)=\ln(\mu),g_2(\sigma)=\ln(\sigma)$
Weibull	$f_Y(y|\mu,\sigma)=[\sigma y^{\sigma-1}]/\mu^\sigma\cdot\exp(-y/\mu)^\sigma$	$y>0,\mu>0,\sigma>0$	$g_1(\mu)=\ln(\mu),g_2(\sigma)=\ln(\sigma)$
Generalized gamma	$f_Y(y|\mu,\sigma,\nu)=[\nu|\theta^\theta z^\theta\exp(-\theta z)]/[\Gamma(\theta)y]$	$y>0,\mu>0,\sigma>0,-\infty<\nu<\infty$	$g_1(\mu)=\ln(\mu),g_2(\sigma)=\ln(\sigma),g_3(\nu)=\nu$

表 3 - 3 Copula 函数与时变参数估算中的连接函数

函数名称	表 达 式	生 成 函 数	参 数 范 围	连 接 函 数
Gaussian copula	$\Phi_\Sigma[\Phi^{-1}(u),\Phi^{-1}(v)]$	—	$\Re$	$g(\theta)=\theta$
Clayton copula	$(u^{-\theta}+v^{-\theta}-1)^{1/\theta}$	$(t^{-\theta}-1)/\theta$	$\theta\in[-1,\infty)\backslash\{0\}$	$g(\theta)=\ln(\theta)$
Gumbel copula	$\exp\{-[(-\ln u)^\theta+(-\ln v)^\theta]^{1/\theta}\}$	$[-\ln(t)]^\theta$	$\theta\geqslant1$	$g(\theta)=\ln(\theta-1)$
Frank copula	$1/\theta\cdot\ln[1+(e^{-\theta u}-1)(e^{-\theta v}-1)/(e^{-\theta}-1)]$	$-\ln\dfrac{e^{-\theta t}-1}{e^{-\theta}-1}$	$\theta\in\Re\backslash\{0\}$	$g(\theta)=\theta$
Joe copula	$1-[(1-u)^\theta+(1-v)^\theta+(1-u)^\theta(1-v)^\theta]^{1/\theta}$	$-\ln[1-(1-t)^\theta]$	$\theta\geqslant1$	$g(\theta)=\ln(\theta-1)$

下 4 种概率。

单变量视角下：

（1）给定干旱历时的超越概率，见式（3.19）

$$P(d > D_{con.}) = 1 - P(d \leqslant D_{con.}) = 1 - F_D(D_{con.}) \tag{3.19}$$

（2）给定干旱烈度的超越概率，见式（3.20）

$$P(s > S_{con.}) = 1 - P(s \leqslant S_{con.}) = 1 - F_S(S_{con.}) \tag{3.20}$$

两变量视角下：

（3）给定干旱历时—烈度至少其中之一被超越的概率（OR 关系），见式（3.21）

$$P_{OR}(d > D_{con.}, s > S_{con.}) = 1 - P(d \leqslant D_{con.}, s \leqslant S_{con.}) = 1 - F_{D,S}(D_{con.}, S_{con.}) \tag{3.21}$$

（4）给定干旱历时—烈度同时被超越的概率（AND 关系），见式（3.22）

$$\begin{aligned} P_{AND}(d > D_{con.}, s > S_{con.}) \\ = 1 - P(d \leqslant D_{con.}) - P(s \leqslant S_{con.}) + P(d \leqslant D_{con.}, s \leqslant S_{con.}) \\ = 1 - F_D(D_{con.}) - F_S(S_{con.}) + F_{D,S}(D_{con.}, S_{con.}) \end{aligned} \tag{3.22}$$

3.2.5 人口—经济暴露度指数的构建

IPCC 和联合国国际减灾战略署均强调，暴露度和脆弱性是风险的重要决定性因素。根据 IPCC 的定义，暴露度（Exposure）是指在自然灾害发生范围内，可能受到不利影响的人员、生计、环境服务、资源、基础设施和经济、社会、文化资产等。本研究从承灾体的人口和经济发展现状出发，基于全球网格化（0.5°×0.5°）的人口和国内生产总值（Gross domestic product，GDP）数据，构建人口—经济暴露度指数，表达式见式（3.23）

$$Exp_j^i = (1/2)^{\log_{10}(9 + POP_{max}^i / POP_j^i)} + (1/2)^{\log_{10}(9 + GDP_{max}^i / GDP_j^i)} \tag{3.23}$$

式中：POP_j^i 和 GDP_j^i 分别是第 i 年像元 j 对应的人口和 GDP 值；POP_{max}^i 和 GDP_{max}^i 分别是第 i 年珠江流域内像元尺度的人口和 GDP 最大值。

1/2 代表人口和 GDP 在暴露度指数中被赋予等量权重；权重的指数项 $\log_{10}(9 + POP_{max}^i / POP_j^i)$ 和 $\log_{10}(9 + GDP_{max}^i / GDP_j^i)$ 在 $[1, \infty)$ 内变化，则公式等号右边第一项（暴露度指数的人口分量）和第二项（经济分量）取值范围是 0 到 1/2（如图 3-5 所示）。因此，得到的归一化暴露度指数将位于 $[0, 1]$ 区间内。

3.2.6 承灾体脆弱性指数的构建

脆弱性（Vulnerability）是指当自然灾害发生时，承灾体的暴露元（如人类、生计和资产）受到不利影响的倾向（propensity）或者趋势（predisposition）。脆弱性是具有多个维度的复杂风险因子。IPCC 特别报告指出，脆弱性包括环境、社会和经济 3 个维度，每个维度又进一步细分成不同类别，囊括了决策者关注的诸多方面。例如承灾体的地形、位置、是否缺乏良好的基础设施以应对自然灾害的破坏、聚落类型（城市或乡村）、发展轨迹等均属于环境维度范畴；社会维度更多关注集体和组织、而非个体的特征，主要包括人口结构（老人、幼儿和残疾人更容易受到影响）、人口流动状况、居民受教育程度、健康水平、文化传统（是否具有感知风险的意识、人道主义关怀的传统、避险的经验等）、立法和政府管理水平。Tánago 等专门以干旱为研究对象，识别了承灾体脆弱性的生物物理、社会经济 2 个主维度，将其细分为 11 个子维度；强调在干旱背景下，水资源供需矛盾突出区域的脆弱性较高，因而在脆弱性评估中应进一步考虑水资源可利用量和全社会耗水情

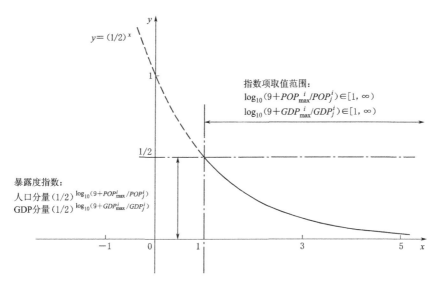

图 3-5　暴露度指数的人口、GDP 分量取值范围示意图

况。Hagenlocher 等归纳了脆弱性的社会、经济、物理、政府管理、环境、冲突与犯罪、农业生产维度以及隶属这 7 个维度的 65 个指标。

本研究根据收集的全球主要部门（居民家庭、灌溉、发电、制造业、采矿业和畜牧业）月耗水量网格数据、全球地表水域面积、人类发展指数和全球建成区面积等数据，定义了干旱承灾体脆弱性指数的资源压力维度 [dim(res)]、人类发展维度 [dim(human)] 和物理维度 [dim(phy)]。对于像元 j，其在第 i 年的脆弱性指数表达为各维度的乘积，如式（3.24）所示

$$Vul_j^i = \dim_j^i(res)\dim_j^i(\text{human})\dim_j^i(phy) \tag{3.24}$$

式中：i 代表年份序号；j 空间内像元的标号。各维度均归一化至 [0, 1]，因此脆弱性指数的取值范围为 0 到 1。

各维度的数学表达式和解释如下：

1. 资源压力维度 dim(res)

表达式见式（3.25）

$$\dim(res) = (\text{water}Use_{\text{total}}^*)^{\text{waterSupply}} \tag{3.25}$$

其中，又有式（3.26）

$$\begin{cases} \text{water}Use_{\text{total}}^* = \text{water}Use_{total} / \text{water}Use_{\text{total}}^{\max} \\ \text{water}Use_{\text{total}} = \text{water}Use_{\text{dom}} + \text{water}Use_{\text{irr}} + \text{water}Use_{\text{ele}} \\ \qquad + \text{water}Use_{\text{man}} + \text{water}Use_{\text{min}} + \text{water}Use_{\text{liv}} \end{cases} \tag{3.26}$$

式中：$\text{water}Use_{\text{total}}$ 和 $\text{water}Use_{\text{total}}^*$ 分别是各行业耗水总量及其归一化值，$\text{water}Use_{\text{total}}^* \in$ [0,1)；$\text{water}Use_{\text{total}}^{\max}$ 代表整个研究时段内珠江流域像元尺度的各行业耗水总量最大值；$\text{water}Use_{\text{dom}}$、$\text{water}Use_{\text{irr}}$、$\text{water}Use_{\text{ele}}$、$\text{water}Use_{\text{man}}$、$\text{water}Use_{\text{min}}$ 和 $\text{water}Use_{\text{liv}}$ 各自是居民、灌溉、发电、制造业、采矿业和畜牧业耗水量；waterSupply 为地表水可利用量，

近似用地表水域面积占各像元总面积的百分比表征。

资源压力维度公式［式（3.25）］的图解如图3-6所示。假设 A 像元的耗水量低于 B 像元，归一化耗水总量分别为 $\mathrm{waterUse}_{\mathrm{total},A}=0.3$ 和 $\mathrm{waterUse}_{\mathrm{total},B}=0.7$，在地表水可利用量相同的情况下，耗水量大的像元 B 中水资源供需矛盾更加尖锐，其资源维度的脆弱性始终高于 A（耗水量小）。而当像元 A、C 的耗水量相等，A 中的地表水可利用量高于 C 时，像元 A 的资源维度脆弱性将低于 C。因此，所构造的脆弱性资源压力维度公式符合一般认识，具有合理性。

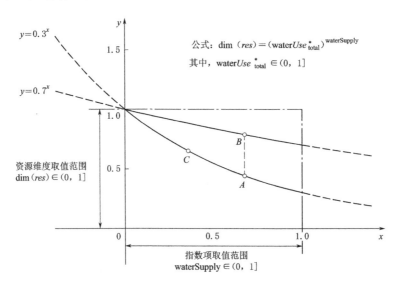

图3-6　脆弱性指数的资源压力维度取值范围示意图

2. 人类发展维度 dim(human)

计算公式见式（3.27）

$$\mathrm{dim(human)} = 1 - HDI \tag{3.27}$$

式中：HDI 是人类发展指数（Human Development Index，HDI）。HDI 指数综合量化了人类在多个重要领域（健康、教育和经济）的发展成就，包括①健康的身体和长寿；②受教育程度高；③优越的生活条件。众多国际组织应用该指数表征所关心地区的发展水平。

如式（3.28）所示，HDI 指数是健康、教育和收入指数的几何平均值：

$$HDI = \sqrt[3]{I_{\mathrm{Health}} I_{\mathrm{Education}} I_{\mathrm{Income}}} \tag{3.28}$$

式中：I_{Health} 是归一化健康指标，根据平均寿命计算；$I_{\mathrm{Education}}$ 是归一化的教育指标，包含25岁及其以上成年人受教育年限和在校儿童预期受教育年限两类信息；I_{Income} 是归一化的收入指标，反映人均国民收入。

更加详细的计算步骤，请参考联合国开发计划署网站的技术说明文件。3个指标的归一化方法不同，I_{Health} 和 $I_{\mathrm{Education}}$ 采用以下公式，见式（3.29）

$$归一化值 = \frac{实际值 - 最小值}{最大值 - 最小值} \tag{3.29}$$

为了反映收入的重要性随着国民收入增长而减少，I_{Income} 采用自然对数形式的归一化

公式，见式（3.30）

$$归一化值 = \frac{\ln(实际值) - \ln(最小值)}{\ln(最大值) - \ln(最小值)} \tag{3.30}$$

由式（3.27）和式（3.28）可见，人类发展维度的脆弱性与健康、教育和收入水平成反比关系。IPCC 特别报告也解释：①当健康状况不佳时，容易成为各类自然灾害的易损人群；同时居民健康水平较低反映不健全的公共健康和医疗服务，缺乏这类重要资源将会加剧自然灾害的不利影响，增大人类社会的脆弱性；②文化程度较低的人群相对难以获得灾害信息并知晓减灾避险措施，成为灾害易损人群；在教育水平不高的社会中，一般缺乏具有专门知识的人才制定适应和减灾规划，脆弱性较高；③经济贫穷人口相对高收入人群缺乏各类资源和服务（例如保险服务）以应对灾害影响，脆弱性更高。

3. 物理维度 $\dim(phy)$

与以往研究类似，本研究中物理维度的脆弱性主要考虑基础设施的不完善程度，表达式见式（3.31）

$$\dim(phy) = 1 - percent_{built-up} \tag{3.31}$$

式中：$percent_{built-up}$ 是像元中的建成区百分比，大体表征了基础设施状况。当像元内建成区面积较大时，认为能够减轻灾害影响的基础设施更加完善，因而减小了脆弱性。相反地，在建成区面积较小的像元内，认为基础设施配置有限，脆弱性相对增大。

3.2.7 干旱风险的估算

对于所关心的干旱事件，在每个像元内均可计算出发生概率 Pr；同时考虑承灾体的人口—经济暴露度（Exp）和脆弱性（Vul）两个重要风险因子，干旱风险可表达为式（3.32）

$$Risk = Pr \times Exp \times Vul \tag{3.32}$$

值得注意的是，在非一致性条件下，干旱属性的概率分布参数或者表征干旱历时—烈度关系强度的 Copula 参数是时间的函数，这时 Pr 成为时变量。另外，各个像元内社会经济的动态发展（如人口生育、自然死亡和迁徙、经济增长、教育水平和医疗服务不断完善、高速的城市化等），也将使暴露度和脆弱性指数具有时变特征。因此，根据式（3.32）计算的干旱风险将在研究时段内持续动态变化。分别把风险和时间当作因变量和自变量，模拟两者的线性关系见式（3.33）

$$Risk_j^i = a_j t + b_j \tag{3.33}$$

式中：$Risk_j^i$ 是第 j 像元在第 i 年的干旱风险；a_j 和 b_j 分别代表斜率和截距。

a_j 还表征了像元 j 中干旱风险的变率（年平均变化量），有助于揭示其时空演变规律。当 $a_j > 0$ 时，表明干旱风险加剧；当 $a_j < 0$，风险降低。

3.3 珠江流域干旱属性的空间分布

图 3 - 7 展示了近 40 年（1979—2018 年）珠江流域干旱场次、平均历时和平均烈度的空间分布。全流域的平均干旱场次、历时和烈度分别为 30 次、39.8 天和 0.72。进一步分析流域内 7 个分区的干旱属性空间格局，并发现：

(1) 由图 3-7 (a) 直观可见，干旱事件在流域中部的红柳江出现频次最高 (均值＝31.4 次)，紧随其后是临近的西江中下游 (均值＝30.8 次) 和郁江 (均值＝30.6 次)。流域西部和东部的干旱频次相对较低，南北盘江的平均干旱场次为 30.2，流域东部的北江、东江和珠江三角洲分别为 30.3 次、26.3 次和 29.3 次。因此，干旱事件易在流域中部发生，东江流域干旱频次最低，同时注意到干旱在南北盘江西北部也相对较少。从 0.1°×0.1°的像元尺度来看，流域内干旱频次最高达到 42，对应像元位于郁江；频次最低为 17，恰好位于南北盘江西北部。

(2) 从平均历时来看，干旱在东江和南北盘江的平均持续时间稍长，分别为 43.2d 和 41.3d；其他分区的平均历时按照降序排列，依次是红柳江 (40.4d)、郁江 (38.6d)、北江 (38.3d)、西江中下游 (38d)、珠三角最小 (37.1d)。在像元尺度，平均历时最长为 61.1d，对应像元在南北盘江；最低值为 30.7d，位于郁江流域。

(3) 对比图 3-7 (b) 和图 3-7 (c) 发现，平均烈度的空间分布与平均历时十分相似。东江的平均干旱烈度最大 (均值＝0.88)，随后是南北盘江 (0.77)、红柳江 (0.76)、北江 (0.69)、郁江 (0.65)，珠三角和西江中下游最小 (0.64)；还识别出西江中下游—北江—三角洲交界区域的干旱平均烈度较大。0.1°×0.1°像元尺度的最大值 (1.53) 位于南北盘江；最小值为 0.36，位于西江中下游。

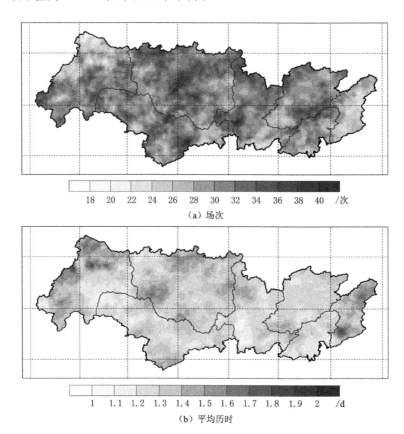

(a) 场次

(b) 平均历时

图 3-7 (一)　珠江流域近 40 年 (1979—2018 年) 干旱特征的空间分布

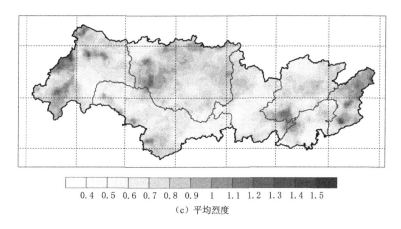

0.4 0.5 0.6 0.7 0.8 0.9 1 1.1 1.2 1.3 1.4 1.5

(c) 平均烈度

图 3 - 7（二）　珠江流域近 40 年（1979—2018 年）干旱特征的空间分布

综合来讲，珠江流域干旱事件多集中在中部，东部和西部边缘干旱场次相对较少；但在流域西部和东部边缘，干旱历时和烈度则更大。进而发现一个有意思现象，在流域大部地区，干旱频次的空间分布与平均历时和烈度正好相反。比较明显的地区位于流域的西部（南北盘江西北部）和东部边缘（东江），这里干旱场次相对较少，但更容易形成持续时间长、烈度大的旱情，提醒决策者应当关注；相反，在流域中部的干旱高频区，平均历时和烈度则相对较小。

3.4　干旱历时—烈度的边缘分布和联合分布

在 0.1°×0.1°空间分辨率上，珠江流域内共有 4008 个像元，限于篇幅，难以逐像元呈现历时—烈度边缘分布和联合分布的模拟结果。因此，随机选取一个像元，展示拟合结果如下。

3.4.1　边缘分布

随机选取像元对应的空间范围为 23.5～23.6°N 和 113.7～113.8°E。近 40 年，该像元内共发生 35 场干旱。对干旱样本的历时和烈度序列进行 ADF 检验，发现一致性假设均不成立；继而，采用 GAMLSS 模型估计干旱历时和烈度分布的时变统计参数，得到非一致性条件下的干旱属性概率分布。选用 8 种备选分布（Exponential、Normal、Gumbel、Logistics、Lognormal、Gamma、Weibull 和 Generalized gamma）依次拟合干旱历时序列，计算得到的 SBC 准则值为 98.20、67.52、72.24、67.88、64.06、63.96、66.21 和 78.24。可见，Gamma 分布的 SBC 值最小，说明其拟合优度最高，作为历时属性的最优边缘分布。采用同样的步骤，优选出 Lognormal 分布作为烈度属性的边缘分布。

更加直观，可以根据残差诊断图 Worm plot 评价 GAMLSS 模型得到概率分布的拟合优度。Worm plot 由一系列去趋势的 Q - Q 图组成，从中容易识别解释变量（横坐标值）在不同范围取值时，经验概率分布和理论概率分布的偏差（纵坐标值）。由图 3 - 8（a）和（b）可见，代表偏差的散点位于两条灰线之间（95％置信区间的上下界），在表示零值的虚线附近，说明拟合误差较小，在允许范围之内。

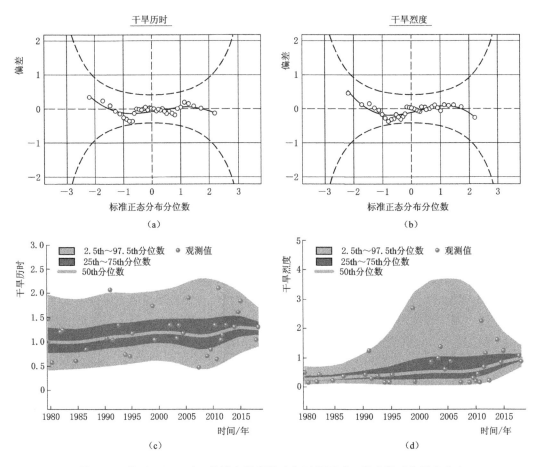

图 3-8　基于 Worm plot 的拟合优度检验与干旱历时、烈度的时变概率分布

在非一致性条件下，得到了历时、烈度的时变概率分布。如图 3-8（c）、（d）所示，绝大多数观测值落在 95％置信区间内，较好地模拟了干旱属性的时变特征。因此，本研究采用 GAMLSS 模型可以准确拟合干旱属性，得到具有时变特征的概率分布。

3.4.2　联合分布

采用 CLR 检验方法发现，在随机选取的像元内，干旱历时—烈度的相依关系呈现非一致性特征。因此，将干旱发生时间作为解释变量，采用 IFM 方法（见 3.2.4）计算备选 Copula 函数的时变参数，模拟非一致的历时—烈度相依结构。以 BIC 作为评价准则，Gaussian，Clayton，Gumbel，Frank 和 Joe 共 5 种备选 Copula 的拟合优度分别是 −25.74、−21.74、−27.29、−22.39 和 −24.36。从中选取 BIC 值最小的 Gumbel Copula 作为最优 Copula 函数，建立干旱历时—烈度的联合分布。

估计的 Gumbel copula 时变参数和两变量干旱属性的联合分布，如图 3-9 所示。由图可见，Gumbel copula 函数参数 θ 与时间之间的函数关系为 $\ln(\theta-1)=0.841-0.034 \cdot onset$，其中 onset 代表干旱事件的发生时间。同时，图中展示了时变的干旱历时—烈度

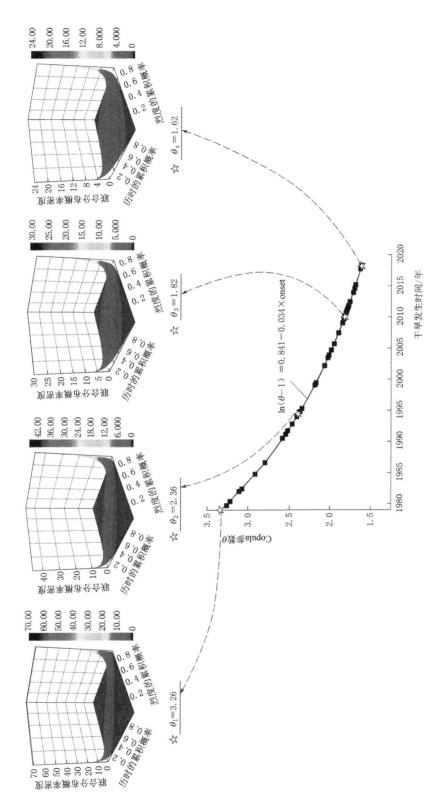

图 3-9 随机选取像元内最优 Copula 函数的时变参数与非一致性条件下干旱历时—烈度联合分布

联合分布。可以发现：非一致性条件下，历时—烈度的相依结构形状不变，均具有明显的上尾相关性；但相依关系强度发生变化，表现为干旱历时—烈度概率密度取值不断变化。

3.5　考虑单属性和多属性的干旱概率评估

为了客观、可靠地在像元尺度评估干旱概率，分析空间分异性，首先，需要设置基准干旱事件；然后，同时从单变量和两变量出发，逐像元计算基准干旱事件的超越概率。超越概率大表示基准干旱事件在像元内更容易发生；反之亦然。

基准干旱事件的确定方法如下：计算珠江流域平均降水，求取正态化的 SPI 指数，利用游程理论提取干旱事件及其属性，进而计算不同重现期水平对应的干旱历时和烈度，得到流域尺度的基准干旱事件（结果见表 3－4）。

表 3－4　流域尺度的基准干旱事件

重现期水平	干旱历时/d	干旱烈度
5 年（20%）	52	0.90
10 年（10%）	60	1.21
20 年（5%）	67	1.54
30 年（3.3%）	71	1.74

3.5.1　单属性视角下的干旱超越概率

按照公式（3.19）～公式（3.22），计算了不同重现期基准干旱事件的超越概率。

1. 仅考虑历时的情况

以 5 年重现期历时（$D_{5-year} = 52d$）为基准，逐像元计算超越概率发现［图 3－10（a）］：东江（0.149）、红柳江（0.141）、南北盘江（0.131）、和郁江（0.124）的超越概率较大，流域中部偏东的西江中下游（0.096）、北江（0.095）和珠三角（0.082）则明显较小；超越概率的最大值（0.330）出现在南北盘江北部边缘，最小值（0.011）位于珠三角。为了保证结果的可靠性，进一步以 10 年、20 年和 30 年重现期历时（$D_{10-year} = 60d$，$D_{20-year} = 67d$ 和 $D_{30-year} = 71d$）作为基准考察［图 3－10（b）～（d）］，可以发现：各分区平均超越概率的排序与 5 年重现期水平下的一致；像元尺度的极大、极小值分别出现在南北盘江和珠三角。因此，考虑历时单属性时，流域中西部的超越概率明显大于中东部（东江流域除外）；不同重现期水平下的结果一致表明，超越概率的高值区域集中在南北盘江的西部和北部边缘、红柳江的北部局地和西南部，以及东江的上游和下游的惠州一带。

2. 仅考虑烈度的情况

当决策者更加关注烈度属性时，以 5 年重现期烈度（$S_{5-year} = 0.90$）作为基准，逐像元计算超越概率发现［图 3－11（a）］：东江（0.217）、红柳江（0.202）和南北盘江（0.181）的超越概率较大，郁江（0.157）、北江（0.155）、珠三角（0.153）和西江中下游（0.150）则较小；超越概率的最大值（0.519）和最小值（0.037）均出现在西江中下游。同样，为了保证结果的可靠性，进一步以 10 年、20 年和 30 年重现期烈度作为基准考察［图 3－11（b）～（d）］，可以发现：各分区平均超越概率的排序与 5 年重现期水平下的基本一致，唯一的差异在于 10 年重现期水平下北江的平均超越概率大于郁江。因此，考虑烈度单属性时，由不同重现期水平结果发现，超越概率的高值区域集中在南北盘江的

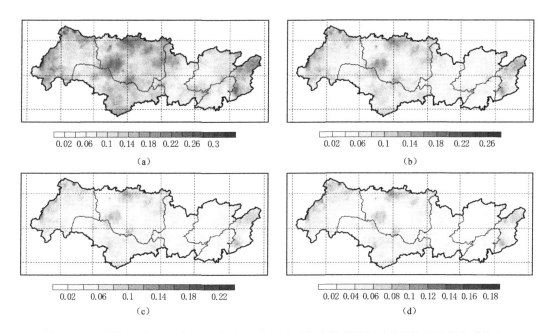

图 3-10　不同（5年、10年、20年和30年）重现期水平干旱历时的平均超越概率［其中，
(a) $D_{5-year}=52d$，(b) $D_{10-year}=60d$，(c) $D_{20-year}=67d$，(d) $D_{30-year}=71d$］

西南部、红柳江的北部局地和西部大部、东江的上游和下游的惠州一带以及西江中下游—
北江—珠江三角洲交界区域（主要包括粤西的肇庆和云浮）。

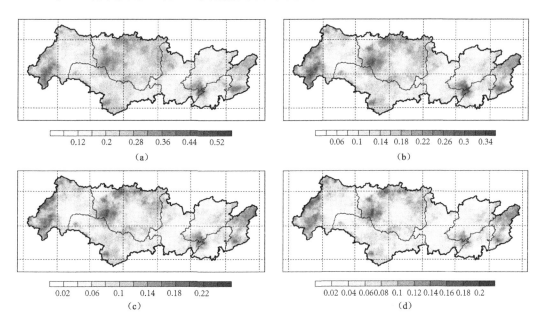

图 3-11　不同（5年、10年、20年和30年）重现期水平干旱烈度的平均超越概率［其中，
(a) $S_{5-year}=0.90$，(b) $S_{10-year}=1.21$，(c) $S_{20-year}=1.54$，(d) $S_{30-year}=1.74$］

归纳单变量的干旱概率评估结果发现：考察历时和烈度属性时，南北盘江西部、红柳江西部和北部、东江的上游和下游局部被同时识别出是超越概率的高值区域；利用烈度属性，还在粤西的肇庆和云浮发现干旱超越概率较高。

3.5.2 两属性视角下的干旱超越概率

1. 给定干旱历时、烈度至少其中之一被超越情景

分析两变量 OR 关系，即给定历时和烈度至少其中之一被超越的概率，可以发现：5 年重现期水平下 [图 3-12 (a)]，东江的平均超越概率最大（0.256），随后依次是红柳江（0.245）、南北盘江（0.231）、郁江（0.204）、北江（0.191）、西江中下游（0.190），珠三角最小（0.185）；其他重现期水平下 [图 3-12 (b)～(d)]，7 个分区的排序基本相同。0.1°×0.1°的像元尺度上，5 年和 10 年重现期水平下的极大值出现在西江中下游，20 年和 30 年重现期水平下的极大值则转移至南北盘江。超越概率的高值区集中在南北盘江西部和南部、红柳江的西南部和北部、东江上游大部和下游局部、西江中下游—北江和三角洲的交界处；两变量 OR 关系对应的超越概率高值区与考虑烈度单变量情况识别的高值区相一致，但概率值更高。

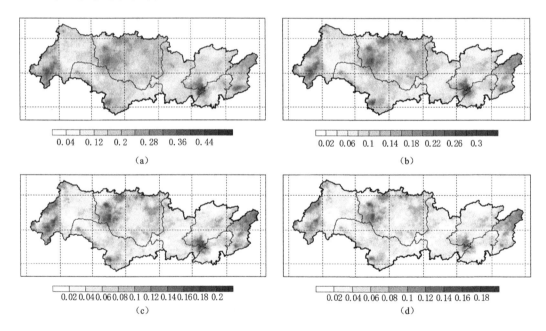

图 3-12 不同（5 年、10 年、20 年和 30 年）重现期水平下干旱历时—烈度至少其中之一被超越的概率 [其中，(a) $D_{5-year}=52d$，$S_{5-year}=0.90$，(b) $D_{10-year}=60d$，$S_{10-year}=1.21$，(c) $D_{20-year}=67d$，$S_{20-year}=1.54$，(d) $D_{30-year}=71d$，$S_{30-year}=1.74$]

2. 给定干旱历时、烈度同时被超越情景

分析更加不利的两变量 AND 关系，即要求给定的历时和烈度必须同时被超越，可以发现：5 年重现期水平下 [图 3-13 (a)]，东江的平均超越概率最大（0.110），随后依次是红柳江（0.097）、南北盘江（0.081）、郁江（0.072）、北江（0.059）、西江中下游（0.057），珠三角最小（0.050）；其他重现期水平下 [图 3-13 (b)～(d)]，7 个分区的先后顺序基本一致。0.1°×0.1°的像元尺度上，各重现期水平下的超越概率的极大值出现在南北盘江，极小值则位于西江中下游或珠三角。同时，超越概率的高值区集中在红柳江的西南部和北部、东江上游大部和下游局部，零星分布在南北盘江西部和南部边缘；两变量 AND 关系对应的超越概率高值区与考虑历时单变量时识别的高值区相一致，但概率值更小。

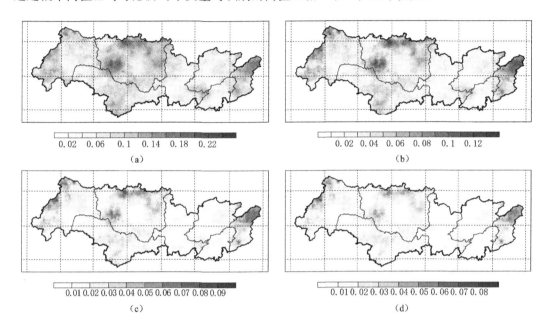

图 3-13 不同（5 年、10 年、20 年和 30 年）重现期水平下干旱历时—烈度同时被超越的概率
$[$其中，(a) $D_{5-year}=52d$，$S_{5-year}=0.90$，(b) $D_{10-year}=60d$，$S_{10-year}=1.21$，
(c) $D_{20-year}=67d$，$S_{20-year}=1.54$，(d) $D_{30-year}=71d$，$S_{30-year}=1.74]$

综上所述，无论考虑单变量还是两变量的干旱属性，在南北盘江西部、红柳江西部和北部局地、东江上游和下游局部（惠州一带）容易发生超越给定历时—烈度的干旱事件；当仅考察单变量烈度属性或者宽松的两变量 OR 关系时，额外识别出西江中下游—北江—珠三角的交界区域（包括粤西的肇庆和云浮市）是超越概率高值区，说明该地区更容易发生高烈度的干旱事件，与图 3-7（c）中干旱平均烈度的空间分布一致，佐证了概率评估结果的合理性。

3.6 珠江流域人口—经济暴露度的空间格局与年代际变化分析

由图 3-14 可见，在珠江流域七个分区中，珠江三角洲的人口经济暴露度指数最高，1979—1988 年、1989—1998 年、1999—2008 年和 2009—2018 年的人口经济暴露度分别是 0.647、0.700、0.756 和 0.810，比流域平均值高出 40.46%、39.58%、38.94% 和 36.01%；珠江流域中东部的东江、西江中下游和北江依次位居第二、第三和第四位；紧随其后的是流域中西部的南北盘江、郁江和红柳江，红柳江的人口—经济暴露度最小，其在近 40 年间（1979—2018 年）的代际均值为 0.422、0.458、0.495 和 0.547，比流域均值低 8.54%、8.66%、9.04% 和 8.19%。图中标注的省会和地级市所在像元的暴露度相对周围均较高。城市的人口密度大、经济活跃，在干旱发生时将有更多的人口和财产暴露在灾害影响下，图中呈现的城乡差异，也说明所构造的暴露度指数具有合理性。从 $0.1° \times 0.1°$ 的像元尺度来讲，珠江流域内人口经济暴露度的最大值集中在珠三角的广州—深圳—佛山—东莞一带，最小值则一直位于郁江西北部。

分析人口经济暴露度的代际变化发现（如图 3-14 所示），各像元的暴露度指数均呈增长态势，反映过去 40 年珠江流域不断提高的社会经济发展水平。进一步计算了像元尺度的暴露度年增长值。就流域平均而言，暴露度指数的年均增长值为 4.49×10^{-3}，以流域多年平均暴露度（0.526）作基准，年均增幅为 0.854%。各分区中，珠江三角洲的年

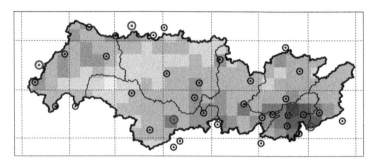

（a）1979—1988年

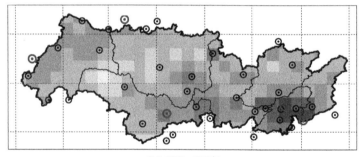

（b）1989—1998年

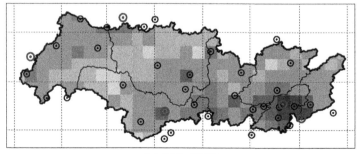

（c）1999—2008年

图 3-14（一）　珠江流域人口—经济暴露度的空间分布与代际变化

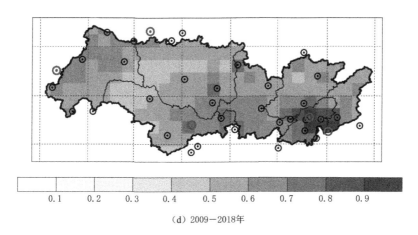

(d) 2009—2018年

图 3-14（二）　珠江流域人口—经济暴露度的空间分布与代际变化

均增长值最大（5.45×10^{-3}）；紧随其后的是东江（4.81×10^{-3}）、北江（4.80×10^{-3}）和西江中下游（4.66×10^{-3}），流域中西部暴露度的增长值稍低，分别为 4.38×10^{-3}（南北盘江）、4.30×10^{-3}（郁江）和 4.15×10^{-3}（红柳江）。

　　因此，珠江流域的人口经济暴露度的空间分布是：流域中东部（特别是珠江三角洲）由于人口密度和经济体量相对更大，具有较高的人口经济暴露度，流域中西部地区的暴露度指数则较低。过去 40 年，人口经济暴露度在珠江全流域呈增长态势，年均增长值为 4.49×10^{-3}。

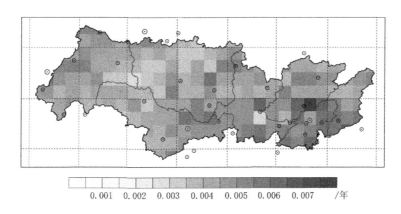

图 3-15　1979—2018 年珠江流域人口—经济暴露度的年均变化量

3.7　干旱胁迫下脆弱性的空间格局与年代际变化分析

　　以 10 年为间隔，图 3-16 展示了近 40 年干旱胁迫下珠江流域脆弱性的空间分布。可以发现，脆弱性指数在空间上呈明显的梯度变化，自西向东不断减小。具体分析如下。

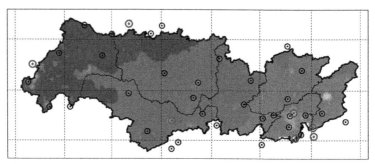

（a）1979—1988年

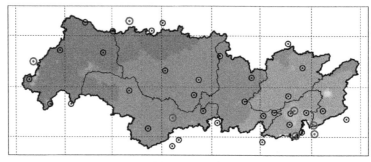

（b）1989—1998年

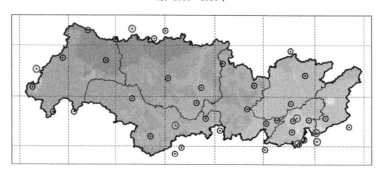

（c）1999—2008年

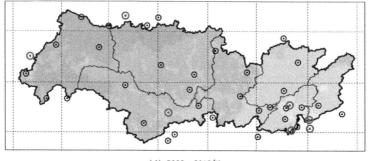

（d）2009—2018年

0.05　0.1　0.15　0.2 0.25　0.3 0.35　0.4 0.45　0.5 0.55　0.6　0.65

图 3-16　干旱影响下珠江流域脆弱性的空间分布与代际变化

（1）在7个分区中，南北盘江的脆弱性指数最高，1979—1988年、1989—1998年、1999—2008年和2009—2018年的脆弱性分别是0.647、0.700、0.756和0.810，分别比流域平均值高出6.03%、8.79%、12.73%和18.82%；同样，位于流域中西部的红柳江、郁江和西江中下游暴露度指数也较高，分列第二位、第三位和第四位；在流域东部的北江、东江和珠三角，脆弱性明显较小，其中珠三角的脆弱性指数最小，其在近40年间（1979—2018年）的代际均值为0.504、0.399、0.293和0.199，比流域平均值低12.74%、17.66%、24.94%和33.03%。

（2）从 $0.1° \times 0.1°$ 的像元尺度来看，极大值出现在南北盘江，极小值一直位于东江；40年来，南北盘江东北部和红柳江西北部形成的连片区域一直是脆弱性指数的高值区，低值区则集中在珠三角中部（广州—深圳—佛山—江门—东莞一带）与东江中部局地（对应新丰江水库附近）。珠江三角洲河网纵横，地表水资源丰富，是缓解降水亏损时水资源供需矛盾的利好条件；经济发达，具有相对完善的基础设施以应对干旱灾害；人口受教育程度高，节水减灾的意识更加到位。自然和社会经济的多种有利条件相互叠加在该区域形成了脆弱性的低值区。同时，东江流域中游的新丰江水库蓄水量大（设计库容量139亿 m^3），是缓解毗邻区域的旱情重要水利工程，有利于形成脆弱性的极小值区。另外，观察流域中西部脆弱性较小的像元发现，主要位于西江干支流附近，这体现了过境地表水资源有利于缓解干旱的不利影响。

以上分析表明，所构造的脆弱性指数从水资源禀赋、基础设施完善程度、重要水利工程调蓄作用、公民节水抗旱意识等多个角度客观反映了承灾体受到干旱不利影响的倾向（这是脆弱性的定义），具有合理性。

干旱胁迫下珠江流域脆弱性的代际均值为：0.578（1979—1988年）、0.484（1989—1998年）、0.391（1999—2008年）和0.298（2009—2018年）。由图3-16可以看出，全流域的脆弱性指数明显降低，流域年均减少 9.33×10^{-3}，以流域多年平均脆弱性（0.256）为基准，年均降幅为3.64%。40年来的总降幅达到48.51%。各分区中，北江的年均降幅最大（ -10.21×10^{-3} ）；随后是东江（ -10.08×10^{-3} ）、珠三角（ -9.76×10^{-3} ）、西江中下游（ -9.52×10^{-3} ），郁江（ -9.24×10^{-3} ）、红柳江（ -9.10×10^{-3} ）和南北盘江（ -8.65×10^{-3} ）。

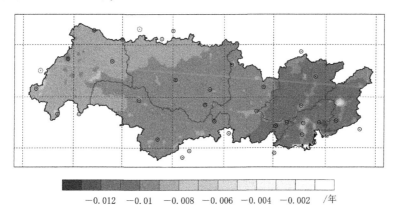

－0.012　－0.01　－0.008　－0.006　－0.004　－0.002　/年

图3-17　1979—2018年珠江流域脆弱性的年均变化量

综上所述，干旱影响下珠江流域脆弱性的空间分布特征主要表现在：流域中西部脆弱性指数较高，并在北盘江东北部和红柳江西北部形成的连片的高值区；东部地区地表水资源丰富、经济发达、基础设施完善，脆弱性相对较低。过去 40 年，脆弱性指数在全流域呈减少态势，年均降幅为 -9.33×10^{-3}。

3.8　1979—2018 年珠江流域干旱风险分析

根据干旱概率、承灾体暴露度和脆弱性，遵循"风险＝灾害发生概率×暴露度×脆弱性"计算公式，同时从单变量和两变量视角出发评估了给定干旱事件的风险。需要说明的是，当单变量干旱属性（历时和烈度）或两变量关系的一致性假设无法成立时，其边缘分布和联合分布具有时变特征，由公式（3.19）～公式（3.22）计算的干旱超越概率，本质上也将成为关于时间的变量；暴露度和脆弱性的计算公式［公式（3.23）和公式（3.24）］也表明，因为考虑了人口、社会、经济和水资源供需关系在年际的动态变化，计算得到的承灾体暴露度和脆弱性也具有时变特点。因此，在本章提出的考虑双重非一致性的干旱风险评估框架下，针对各自然年计算的干旱风险并非恒定，将随着时间动态变化。

在本节，首先分析 1979—2018 年干旱风险均值的空间分布。下节着重研究干旱风险的时空演变规律。

3.8.1　单变量视角下干旱风险均值

图 3 - 18 展示了仅考虑干旱历时或烈度单属性时，近 40 年干旱风险均值的空间格局。与 3.5 节相似，为了客观评价干旱风险，需要在相同基准干旱事件下对比各像元内的风险大小（基准干旱事件见表 3 - 4）。

（1）当以 5 年重现期历时（$D_{5-year}=52d$）为基准时，从图 3 - 18 （a）中发现：全流域的风险均值为 0.0274；就 7 个分区而言，南北盘江的风险均值最大 0.0332，比流域均值高 20.99％，随后是东江（0.0312）、红柳江（0.0307）、郁江（0.0264）、西江中下游（0.0229）和珠三角（0.0206），北江（0.0194）最小。在 $0.1° \times 0.1°$ 像元尺度上，平均风险的极大值（0.0849）是流域均值的 3.10 倍，出现在南北盘江，最小值位于珠江三角洲。为了确保评估结果的可靠性，同时以 10 年、20 年和 30 年重现期历时（$D_{10-year}=60d$，$D_{20-year}=67d$ 和 $D_{30-year}=71d$）为基准考察，各分区风险均值的排序与 5 年重现期水平的评估结果一致；极大值与极小值所在的分区保持不变。所以，考虑历时单属性时，流域干旱风险呈现空间分异特征：流域西部和东部的干旱风险明显大于中部偏东地区；风险均值较大区域分布在南北盘江西部和北部、红柳江北部局地和东江下游（惠州），风险均值较小区域集中在流域中部偏东的西江中下游、北江和珠三角大部。

（2）另外，从干旱烈度属性出发，以 5 年重现期烈度（$S_{5-year}=0.90$）作为基准，逐像元评估干旱风险［图 3 - 18 （b）］，结果表明：珠江全流域的风险均值为 0.0397；各分区中，南北盘江（0.0455）、东江（0.0451）和红柳江（0.0439）干旱风险均值较大，其他分区包括珠三角（0.0386）、西江中下游（0.0356）、郁江（0.0341）和北江（0.0320）的风险均值明显较小。在 $0.1° \times 0.1°$ 像元尺度上，平均风险的极大值（0.1263）是流域均

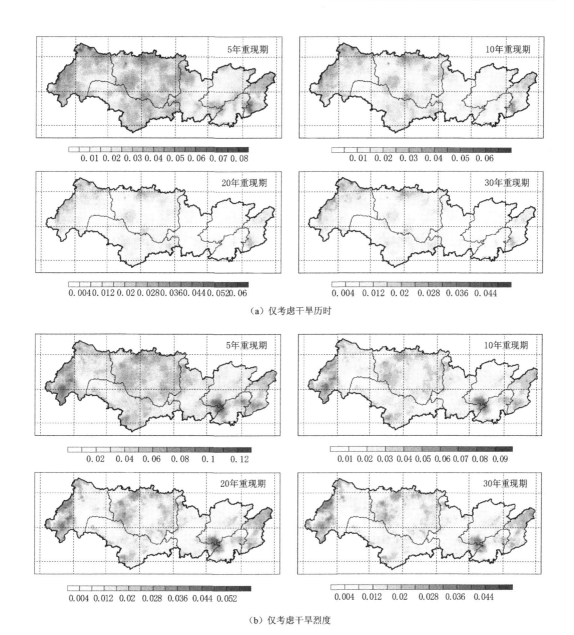

（a）仅考虑干旱历时

（b）仅考虑干旱烈度

图 3-18　1979—2018 年单变量视角下不同重现期水平干旱的平均风险

值的 3.18 倍，出现在北江的风险高值区，最小值亦位于北江流域。

（3）同时，以 10 年、20 年和 30 年重现期烈度（分别是 $S_{10-year}=1.21$、$S_{20-year}=1.54$ 和 $S_{30-year}=1.74$）为基准考察，各分区平均风险的排序基本一致，差异在于 20 年和 30 年重现期水平下，东江的风险均值超越南北盘江，成为最大值；在 10 年、20 年和 30 年重现期下，平均风险的极大值从北江转移至南北盘江。与考虑历时属性的结果对比，从干旱烈度出发，得到风险均值的空间分异性更加明显。高风险区集中在南北盘江西部和西江中下游—北江—珠三角交界处（粤西的肇庆和云浮市），零星分布在红柳江西部与北部以及东江下游与珠三角东北部的连片区域。

综上所述，归纳单变量（考虑历时或烈度）的干旱风险评估结果，可以发现：流域西部（南北盘江西部）和东部（东江下游的惠州一带）边缘的干旱风险均值明显较大，红柳江北部和西部局地的干旱风险也不容易忽视。单独考察干旱烈度时，额外识别出西江中下游—北江—珠三角交界的粤西地区是高风险区。

3.8.2　两变量视角下干旱风险均值

综合干旱历时和烈度属性，从两变量角度出发，对干旱风险均值分析如下：

（1）考虑历时—烈度的 OR 关系，即给定历时和烈度至少其中之一被超越时的风险 [图 3-19（a）]，可以发现：以 5 年重现期水平的基准历时和烈度考察，全流域的风险均值为 0.0496；就各分区而言，流域西部和东部的南北盘江（0.0582）、东江（0.0536）和红柳江（0.0535）干旱风险均值明显较大，分别比流域均值高 17.34％、8.01％ 和 7.88％，珠三角（0.0469）、西江中下游（0.0450）和郁江（0.0446）相对较小，平均风险的最小值则在北江（0.0393）；其他重现期水平下，各分区的排名基本相同，但在 10 年、20 年和 30 年重现期水平下郁江的干旱风险有所增大，上升至第四位，珠三角的风险均值减小，降至第五位。从像元尺度来讲，5 年重现期水平下平均风险的极大值为 0.1285，达到流域均值的 2.59 倍，对应的像元位于北江；20 年和 30 年重现期水平下平均风险的极大值转移到南北盘江。同时，一致发现高风险区域主要囊括南北盘江南部（红河州一带）与西部（曲靖市）、西江中下游—北江—珠三角交界的粤西地区（肇庆和云浮附近）和东江下游与珠三角东北部的毗邻区域（惠州一带）。中度风险区域零散分布在南北盘江北部、红柳江西部与北部和东江上游。郁江上游、西江中下游中部、北江大部和珠三角东南部一直属于低风险区。

（2）考虑两变量 AND 关系，即评估给定干旱历时和烈度同时被超越的风险，结果表明 [图 3-19（b）]：流域平均的干旱风险为 0.0176；各分区中，东江干旱风险均值最大（0.0228），比流域平均值高 17.14％，风险较高的分区还有红柳江（0.0212）和南北盘江（0.0206），郁江（0.159）、西江中下游（0.0134）、珠三角（0.0123）和北江（0.0121）风险相对较小。在其他重现期水平下，南北盘江和珠三角干旱风险有所增大，分别上升至第二位和第五位。从 0.1°×0.1° 像元尺度看，各重现期水平下，平均风险的极大值均位于南北盘江，极小值出现在珠三角。另外，风险高值区零星分布在南北盘江北部边缘；中值区更加广泛包括南北盘江西部、红柳江的北部与西南部和东江上游与下游局部；低值区覆盖了郁江和流域中东部（西江中下游、北江和珠三角大部）。

归纳单边量和多变量视角下干旱风险评估结果，可以发现：

1）就分区而言，干旱风险均值多以南北盘江最大，东江次之，红柳江紧随其后，北江的干旱风险则一直最小。

2）干旱高风险区普遍集中在南北盘江西部（曲靖）、红柳江西南部（百色、河池一带）与北部（黔南、黔东南）和东江上游（赣州南部和河源北部）与下游（惠州），风险低值区主要包括郁江上游、西江中下游的中部、北江大部和珠三角的东南部。

3）在 0.1°×0.1° 的空间分辨率上，风险极大值常出现在南北盘江。

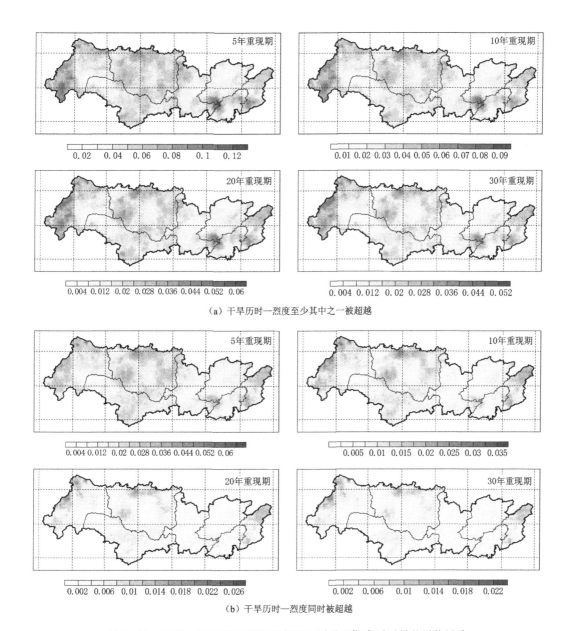

（a）干旱历时—烈度至少其中之一被超越

（b）干旱历时—烈度同时被超越

图 3-19　1979—2018 年两变量视角下不同重现期水平干旱的平均风险

需要指出的是，进一步考虑暴露度和脆弱性的风险评估结果与 3.5 节频率分析结果的显著差异在于：

1）在全流域，珠三角的干旱超越概率往往最小，但计算得到的干旱风险均值却上升至第四、第五位，原因在于珠三角的人口经济暴露度在全流域居首，加剧了干旱风险。

2）东江的干旱超越概率在全流域最大，但由于其承灾体脆弱性明显较小，导致干旱风险有所缓解，降至全流域第二位。

3）与红柳江相比，南北盘江干旱超越概率稍小，然而更高的人口经济暴露度和脆弱性，使南北盘江的干旱风险均高于红柳江。

3.9 近40年珠江流域干旱风险的时空演变规律分析

以10年为间隔，计算了珠江流域干旱风险，绘制了风险图；同时，计算了1979—2018年干旱风险的年均增长值。图3-20～图3-25共同呈现了近40年来珠江流域干旱风险演变过程。

3.9.1 单变量视角下干旱风险的时空演变特征

a. 历时属性视角下

以5年重现期的历时为基准 [图3-20 (a)]，分析干旱风险空间分布的代际变化可知：

(1) 1979—1988年，高风险区集中在南北盘江西南局地（红河、玉溪、曲靖局部）和红柳江与西江中下游交界的北部（桂林），分区中红柳江平均风险最高（0.0375）。

(2) 1989—1998年，南北盘江西南部的高风险区继续扩大，红柳江与西江中下游交界区域的风险则减小，但郁江绝大部分风险加剧，成为风险最大的分区（0.0359），在郁江和红柳江交界的中部形成高风险区。

(3) 1999—2008年，南北盘江和郁江干旱风险明显减小，红柳江北部与东江下游风险较高，7个分区中东江平均风险最大（0.0354）。

(4) 2009—2018年，高风险区转移至南北盘江西北部，对应的平均风险最大（0.0430）。

分析10年、20年和30年重现期历时下的评估结果 [图3-20 (b)～(d)]，发现相同的空间分布特征。进一步总结图中的风险分布发现，近40年来，高风险区有从流域南部向北部迁移和聚集的特点。

b. 烈度属性视角下

以5年重现期烈度为基准的评估结果为例 [图3-21 (a)]，可以发现：

(1) 1979—1988年，风险高值区集中在西江中下游—北江—珠三角交界地带，分区中红柳江平均风险最大（0.0363）。

(2) 1989—1998年，风险高值区开始在南北盘江西南部发育，西江中下游—北江—珠三角交界处的高风险区则明显萎缩，对应风险最高分区是南北盘江（0.0387）。

(3) 1999—2008年，南北盘江的干旱风险依旧最高（0.0394），其高风险区向北快速扩张，同时西江中下游—北江—珠三角交界处和东江下游的干旱风险较高。

(4) 2009—2018年，高风险区零星分布在南北盘江西部、红柳江北部、北江和珠三角局部以及东江北部，平均风险最大的是东江（0.0392）。

以其他重现期为基准的评估 [结果见图3-21 (b)～(d)]，也呈现相同的时空变化。因此，从单变量的烈度角度看，流域南部的高风险区在减少，在北部则有增加趋势。

图3-22展示了1979—2018年干旱风险的年均变化值。从历时角度出发，统计发现：在2252个像元中风险的年均变化值为负，占珠江全流域总共4008个像元的58.68%，说明在流域大部分地区，干旱风险得到缓解；风险加剧的区域主要位于流域北部，也支撑了

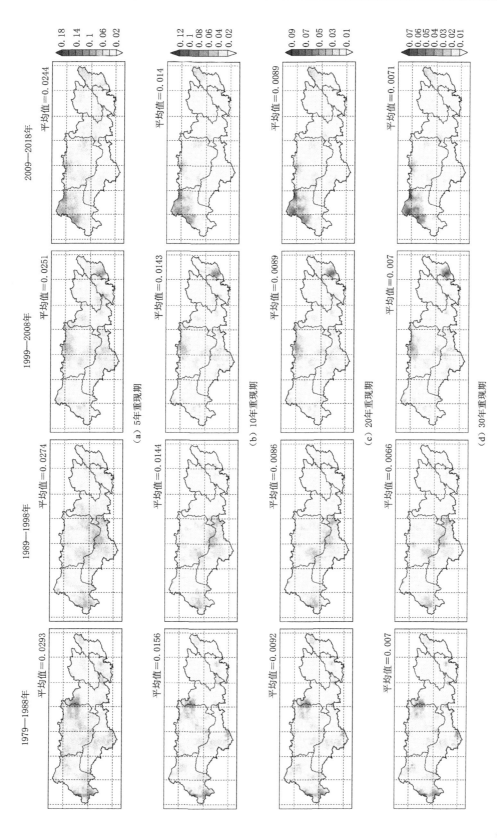

图 3 - 20　不同重现期水平下单下单变量（仅考患历时）干旱风险的代际变化

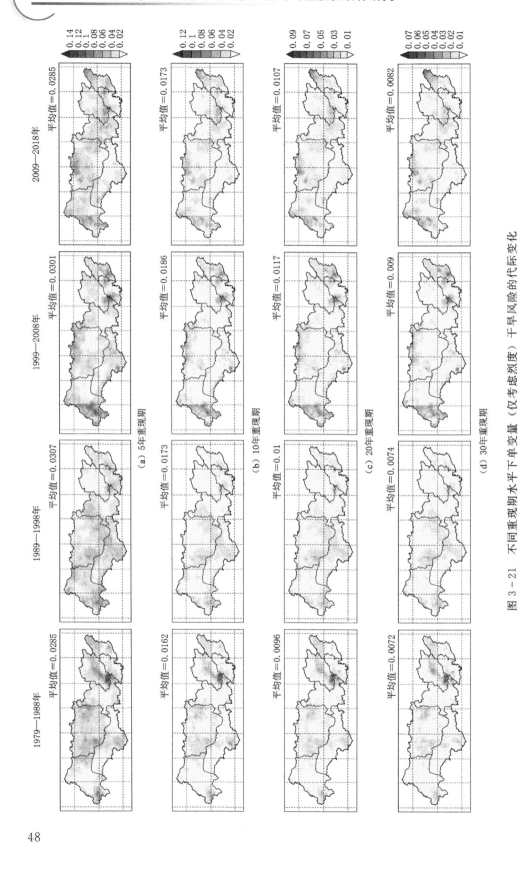

图 3 - 21　不同重现期水平下单变量（仅考虑烈度）干旱风险的代际变化

高风险区向北部迁移的结论。从烈度角度来看，年均变化值为负的像元数为 2251，占流域总面积的 56.16%。同时，从历时和烈度出发的评估共同识别出南北盘江干旱风险增长最快，其他增速较快区域还包括红柳江北部、西江中下游大部、北江北部和东江大部，应当引起决策者关注。

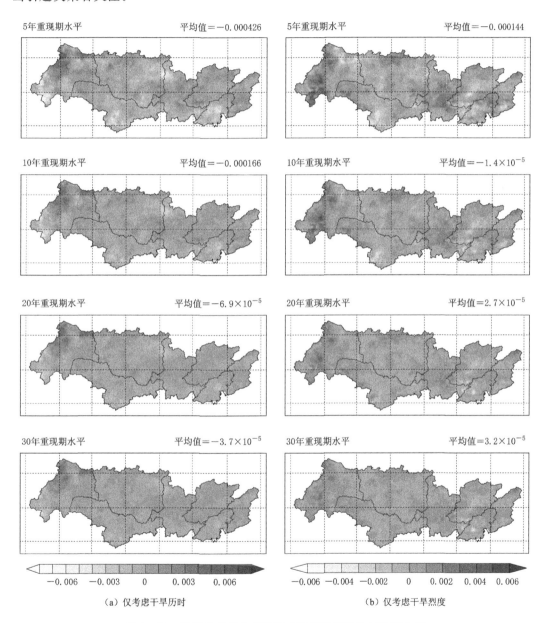

图 3-22 不同重现期水平下单变量干旱风险的年均变化值

3.9.2 两变量视角下干旱风险的时空演变特征

首先，考虑历时—烈度的 OR 关系，即给定历时和烈度至少其中之一被超越时的风险。以 5 年重现期的历时和烈度为基准［图 3-23（a）］，分析干旱风险空间分布的代际变化，可以发现：

（1）1979—1988 年，高风险区集中在南北盘江西南局地、红柳江与西江中下游交界的北部和北江—西江中下游—珠三角的交界处，分区中红柳江平均风险最高（0.0631）。

（2）1989—1998 年，南北盘江西南部继续维持高风险水平，红柳江与西江中下游交界区域的风险发生衰减，但郁江绝大部风险加剧，成为风险最大的分区（0.0619），并在郁江和红柳江交界的中部形成新的高风险区。

（3）1999—2008 年，郁江干旱风险明显减小，南北盘江的高风险区向北转移，北江—西江中下游—珠三角的交界处和东江下游风险也较高，在 7 个分区中南北盘江平均风险最大（0.0561）。

（4）2009—2018 年，高风险区集中在南北盘江西北部，零星分布于红柳江北部、北江局部、珠三角东北部和东江，在 7 个分区中南北盘江风险继续保持最大值（0.0648）。

分析 10 年、20 年和 30 年重现期历时下的评估结果［图 3-23（b）～（d）］，注意到相同的空间格局。总结图 3-23 中的风险分布发现，近 40 年来，高风险区有向北部聚集的特点，与单属性的分析结果一致。

其次，考虑了两变量 AND 关系，即评估给定干旱历时和烈度同时被超越的风险。以 5 年重现期历时和烈度为基准的评估结果为例［图 3-24（a）］，可以发现：

（1）1979—1988 年，风险高值区集中在南北盘江西南局部和红柳江与西江中下游交界的北部，分区中红柳江的平均风险最大（0.0242）。

（2）1989—1998 年，郁江大部干旱风险加剧，并在郁江和红柳江交界中部形成中高风险区，这时在七个分区中郁江干旱风险最大（0.0223）。

（3）1999—2008 年，高风险区位于红柳江北部和东江下游，同时北江—西江中下游—珠三角的交界地区干旱风险也相对较大，东江成为风险最大分区（0.0261）。

（4）2009—2018 年，南北盘江西北部、红柳江北部和东江北部风险明显较高，分区中南北盘江平均风险最大（0.0286）。

以 10 年、20 年和 30 年重现期历时—烈度为基准进行评估［结果见图 3-24（b）～（d）］，干旱风险呈现类似的空间分布。因此，归纳起来，考察两变量 AND 关系时，干旱风险高值区亦有从流域南部向北部迁移的特点。

最后，统计了近 40 年干旱风险的年均变化量（图 3-25）。从历时—烈度的 OR 关系的统计结果来看，在 2260 个像元中年均变化量为负值，占流域总面积的 56.39%，说明超过半数以上像元内风险呈减少趋势；考虑历时—烈度的 AND 关系时，年均变化值为负的像元数为 1970，占流域总数的 49.15%。另外，同时从两变量的 OR 和 AND 关系出发，识别出风险增长区域主要在流域西部和东部的偏北地区，印证了高风险区向北部聚集的结论；直观发现，干旱风险在南北盘江西北部增速最快，红柳江北部和西江中下游-北江-东江的连片区域也是干旱风险增长区，这与单变量的分析结果一致，相互印证，证明了结果的可靠性。

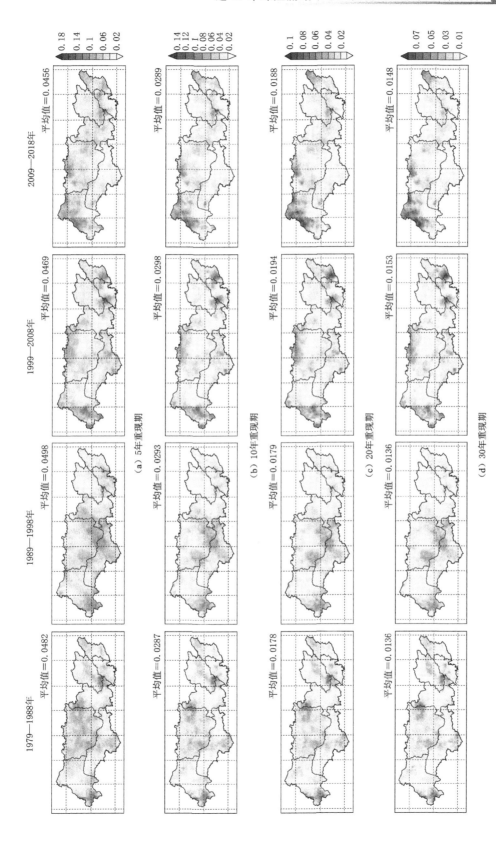

图 3 - 23 不同重现期水平下两变量（给定干旱历时、烈度至少其中之一发生）干旱风险的代际变化

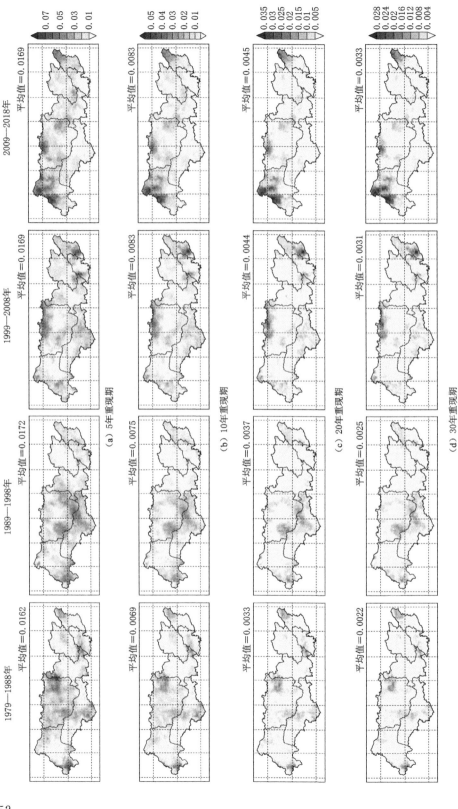

图 3-24　不同重现期下两变量（给定干旱历时-烈度同时发生）干旱风险的代际变化

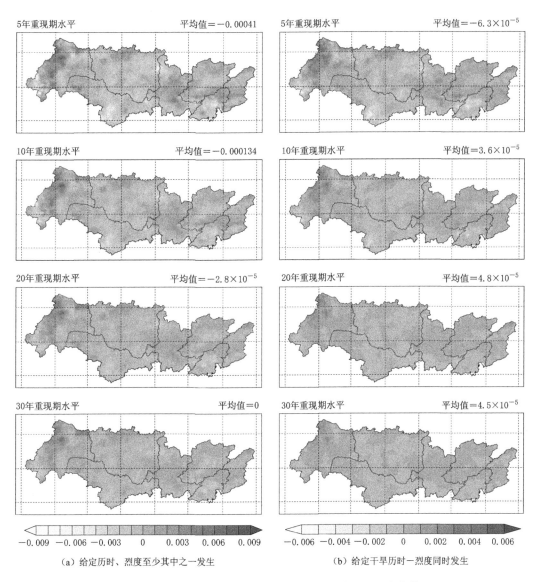

（a）给定历时、烈度至少其中之一发生 （b）给定干旱历时-烈度同时发生

图 3-25 不同重现期水平下两变量干旱风险的年均变化值

3.10 小   结

本章基于 1979—2018 年 $0.1°×0.1°$ 网格化降水产品，首先，逐像元计算了 SPI 月值序列，通过阈值法提取干旱事件与干旱频次、历时和烈度属性；其次，在考虑二元非一致性（即干旱单属性的非一致性和干旱两属性潜在的非一致关系）基础上，采用 GAMLSS 模型模拟了干旱历时-烈度的时变边缘分布和时变联合分布；再次，从人口分布、经济发展现状、居民健康、教育和收入水平、水资源供需关系和减灾基础设施完善程度出发，构造了多维度指数用于量化承灾体脆弱性和暴露度；最后，根据"风险=灾害发生概率×暴

露度×脆弱性"的定义，从单变量和多变量视角综合评估了珠江流域干旱风险，绘制了高分辨率风险图，通过分析近 40 年干旱风险均值、代际变化和年均变化量，揭示了干旱风险的时空演变规律。主要结果总结如下。

（1）全流域的平均干旱场次、历时和烈度分别为 30 次、39.8d 和 0.72；在流域大部地区，干旱频次与平均历时—烈度呈相反的空间分布：在流域西部（南北盘江西北部）和东部边缘（东江），干旱场次相对较少，但更容易形成持续时间长、烈度大的旱情；而在流域中部的干旱频次高值区，平均历时和烈度则相对较小。典型区域是东江，这里干旱频次最低，平均历时和烈度却是全流域最大的，提醒决策者应当加以关注。

（2）GAMLSS 模型能够灵活地拟合一致性和非一致性条件下干旱属性的边缘和联合分布，绝大多数观测值落在 95％置信区间内，说明模拟的分布准确反映了干旱属性及其两变量关系的时变特征，确保了风险评估结果的可靠性。

（3）流域中东部（特别是珠三角）由于人口密度和经济体量大，人口经济暴露度较高，流域中西部则较低；在过去 40 年中，人口经济暴露度在全流域呈增长态势，以流域多年平均暴露度（0.526）为基准，年均增长 0.854％。干旱影响下，承灾体脆弱性的空间分布与暴露度恰好相反：流域中西部脆弱性指数较高，在北盘江东北部和红柳江西北部形成的连片的高值区，东部地区地表水资源丰富、经济发达、基础设施更加完善，脆弱性相对较低；过去 40 年，脆弱性指数在全流域呈减少趋势，年均减少 9.33×10^{-3}，年均降幅为 3.64％。

（4）1979—2018 年，南北盘江干旱风险最高，东江次之，红柳江紧随其后，北江则一直最小；单变量和两变量视角下均发现，干旱高风险区集中在南北盘江西部（红河，曲靖和六盘水一带）、红柳江北部（黔南、黔东南）与西南部（百色、河池一带）和东江上游（赣州南部和河源北部）与下游（惠州），风险低值区主要包括郁江上游、西江中下游的中部、北江大部和珠三角的东南部。

（5）过去 40 年间，干旱高风险区有从流域南部向北部聚集的趋势；考察单变量和两变量 OR 关系发现，在流域一半以上地区干旱风险年均变化值为负，表明流域干旱风险总体正在减小；但在南北盘江西北部的干旱风险增速最快，红柳江北部和西江中下游—北江—东江的连片区域也是干旱风险增长区。

第4章　西江流域洪水时变风险分析

4.1　概　　述

西江是珠江流域最大水系，流域面积达 35.3 万 km^2，占珠江流域总面积的 77.83%。西江干支流是珠江流域防洪重点区域，《珠江流域防洪规划》中的 7 个重点防洪保护区，有 5 个（南盘江中上游防洪保护区、郁江中下游防洪保护区、柳江下游及红柳黔三江汇流地带防洪保护区、浔江防洪保护区和西江防洪保护区）位于西江流域，因此成为本研究洪水风险分析的研究区域。

西江流域位于亚热带季风气候区，受西南暖湿气流和热带气旋共同影响，降水集中在4—10月。其间，高强度、长历时的暴雨频繁发生，容易形成暴雨型洪水。同时，流域内河网密布，支流柳江、郁江和桂江等均为洪水多发性河流，干支流洪水遭遇和叠加后，往往在下游形成灾害性的洪水过程。流域的特殊地貌也进一步加剧了洪水灾害的危害性：上游多高山丘陵，洪水汇流快；中游缺乏湖泊调蓄。因此，汛期频发的洪水事件严重危及人口社会安全和经济持续发展，干流的梧州市、支流郁江的南宁市、柳江的柳州市等也成为全国重点防洪城市。20 世纪 90 年代以来，流域先后发生"94·6""96·7""98·6""05·6""08·6"等特大和较大洪水过程，直接经济损失均在数十亿元以上。因此，亟需在西江流域开展洪水风险评估研究，为科学、高效地减轻洪水灾害提供理论依据。

本章以西江流域干支流 11 个代表水文站的日径流观测序列为基础，综合考虑洪水属性（重点关注洪峰和洪量属性）的潜在非一致性和承灾体的多重风险因子，在两变量视角下评估洪水风险；同时，揭示洪水时变风险的演变特征及其驱动因素。具体步骤如下：首先，采用超定量方法提取洪水样本，辨识洪水属性；其次，采用 GAMLSS 模型模拟洪水属性的时变/恒定参数边缘分布和联合分布，开展考虑非一致性的洪水两变量频率分析；最后，结合承灾体暴露度和脆弱性，估算洪水风险，并分析和归因洪水风险的演变规律。

4.2　研　究　方　法

与干旱风险分析类似，本章考虑洪水属性（主要关注洪峰和洪水总量）潜在的非一致性并融入多元风险因子（即承灾体的暴露度和脆弱性），构建两变量洪水风险评估模型，主要组成部分如图 4-1 所示。具体步骤如下。

（1）洪水样本的筛选：为了扩充样本容量提高评估的准确性，采用超定量方法从逐日径流序列中筛选洪水样本，提取场次洪水的历时、洪峰和洪量属性。

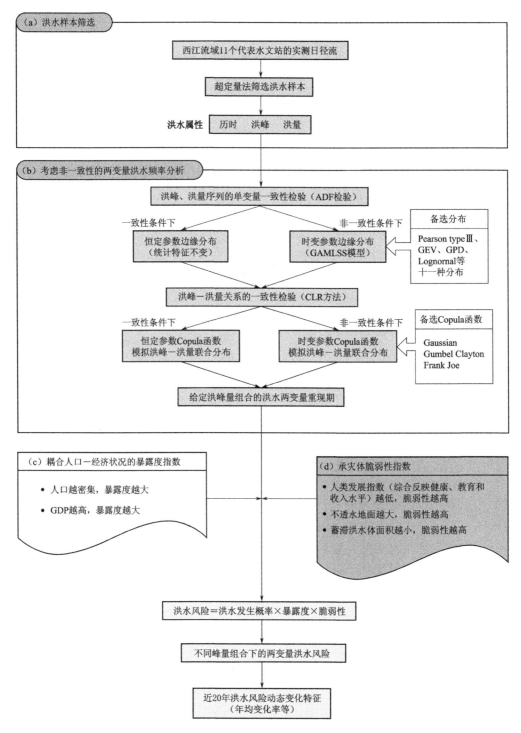

图 4-1 考虑非一致性和多元风险因子的两变量洪水风险评估模型

（2）两变量洪水频率分析：重点关注洪峰和洪量属性，考虑单变量和峰—量关系潜在的非一致性，拟合洪峰—洪量的恒定/时变参数边缘分布和联合分布，进而计算给定峰量组合的洪水重现期。与干旱频率分析不同的是，在边缘分布拟合过程中引入了在国内外对洪水系列拟合效果较好的 Pearson type Ⅲ、Lognormal、GEV 和 Generalized pareto（GPD）分布。

（3）承灾体人口—经济暴露度的定量表征：根据每个网格内的人口密度和 GDP，构建指数表征洪水发生时受到不利影响的人口和经济资产数量，计算方法遵循 3.2.5 中的公式。

（4）承灾体脆弱性的定量表征：对比洪水与干旱风险不同的形成机制，改进了脆弱性指数的计算公式。对于洪水风险，承灾体脆弱性主要考虑两个维度：①人类发展维度（当人口的健康、收入和受教育水平越高，脆弱性相对较小）；②下垫面特征维度（由于裸露土地的下渗率高于不透水地面，像元内不透水面积越小，则承灾体的脆弱性越低；像元内水体面积越大，代表蓄滞洪能力越强，对应的脆弱性较低）。

（5）风险估算：累乘洪水两变量超越概率、承灾体暴露度和脆弱性，估算对应的洪水风险，并且揭示风险的演变特征。

4.2.1　超定量洪水门限值的选取

洪水抽样方法主要有年最大值法（Annual maximum flood approach，AMF）和超定量法（Peak over threshold approach，POT 或 Partial duration series）。当实测径流系列较短时，由年最大值法得到的洪水样本十分有限。基于少量样本来估计总体的统计参数，可能产生较大误差。与之相比，超定量方法筛选大于给定门限值的所有洪峰作为样本，可以进一步考虑年内第二大、第三大等洪峰。因此，POT 洪水序列比传统的 AMF 序列容易包含更加丰富的洪水信息，有助于提高参数估计的准确性和频率分析的可靠性，近年来已得到广泛应用。

由于所收集的西江实测径流资料长度有限（1997—2017 年），本章采用超定量法筛选洪水样本，以获得更加完整的洪水信息。应用超定量法的难点是如何确定合理的门限值和检验洪峰的独立性。

1. 门限值的确定

门限值 S 的大小直接决定了洪水样本容量数量：当 S 较小时，样本容量增加，但是难以确保洪峰的独立性；S 过大时，筛选出的洪峰样本少，无法有效挖掘和充分利用宝贵的洪水信息。确定门限值的方法有多种，关键在于使筛选出的样本服从特定分布和满足给定准则。常用方法包括超定量样本均值法、分散系数法和年均超定量发生次数法，本章有机结合上述 3 种方法，以选取合理的超定量洪水门限值。主要步骤如下。

（1）超定量样本均值法：设定不同水平的门限值 S，计算洪峰样本超过门限值的均值（$\overline{X}-S$）。选择与超过部分均值（$\overline{X}-S$）保持线性关系的门限值区间 S_1，这一步保证了在超定量洪水频率分析中分布参数的估计值具有较好稳定性。

（2）分散系数法：通常认为超定量年发生次数服从泊松分布。为此，选取的门限值应当使超定量年发生次数的分散系数在指定的置信区间内，以保证超定量年发生次数序列服从泊松分布。假设超定量年发生次数序列 $m(i)$，$i=1,2,\cdots,n$，其分散系数表达式

见式（4.1）

$$I = Var(m)/\overline{m} \tag{4.1}$$

由分散系数构造统计量 h，见式（4.2）

$$h = \sum_{i=1}^{n} [m(i) - \overline{m}]^2 / \overline{m} = (n-1)I \tag{4.2}$$

式中：$Var(m)$ 是序列 m 的方差；n 是观测资料的年数。

统计量 h 服从自由度为 $(n-1)$ 的卡方分布。数学推导可以证明，设定 [5%，95%] 置信区间，当分散系数满足 $\chi^2(5\%) \leqslant h = (n-1)I \leqslant \chi^2(95\%)$ 时，超定量年发生次数序列 m 服从泊松分布。由此可以推断出满足泊松分布假设的门限值区间 S_2。

（3）年均超定量次数法：在由 S_1 和 S_2 组成的交集区间 $S_3 = S_1 \bigcap S_2$ 中，最终选择年均超定量次数大于 2 的较大门限值作为最优，以增强样本的独立性。

2. 洪峰独立性的判断

作为频率分析的洪水样本应满足独立同分布（IID）假设，因此仍需判断连续洪峰的独立性。采用美国水资源协会（U. S. Water Resources Council，USWRC）推荐的洪峰独立性判别准则，当两个连续洪峰同时满足以下两个条件时，可以当作独立洪峰看待，见式（4.3）和式（4.4）

$$5 + \ln A < \theta \tag{4.3}$$

$$x_{\min} < 0.75 \min(X_i, X_{i+1}) \tag{4.4}$$

式中：A 是流域面积；θ 为两个连续洪峰的间隔时间；X_i 代表第 i 场洪水的洪峰流量；$x_{\min}$ 是两个连续洪峰间的最小流量。

式（4.3）和式（4.4）的物理意义分别是：连续洪峰独立取样时，其时间间隔必须大于流域的汇流时间；两次独立的洪水过程之间应当存在明显消落现象。

4.2.2　考虑非一致性的洪峰、洪量边缘分布与联合分布拟合

本章主要关注洪峰和洪量属性，拟合其边缘分布和两变量联合分布，进一步计算峰量组合下两变量重现期。

首先，在拟合边缘分布的过程中，检验洪峰和洪量单变量的一致性。当一致性假设成立时，采用极大似然法估计各个备选分布的恒定统计参数；而当出现非一致性时，采用 GAMLSS 模型估计时变的分布参数，详细计算方法请参考 3.2.3。值得强调的是，国内外的洪水频率分析实践表明，Pearson type Ⅲ、GEV、Lognormal 和 GPD 分布对洪水属性的拟合效果较好。因此，本章对洪水风险评估时引入上述分布，连同第 3 章中使用的 8 种备选分布，根据 BIC 准则从共计 11 种分布中筛选最优分布。Pearson type Ⅲ、GEV 和 GPD 分布的概率密度函数如式（4.5）所示

PⅢ分布　$$f(x) = \frac{|x - \xi|^{\alpha-1} \exp(-|x-\xi|/\beta)}{\beta^\alpha \Gamma(\alpha)} \tag{4.5}$$

式中：当 PⅢ 分布形状参数不等于 0 时，α、β 和 ξ 与位置参数 μ、尺度参数 σ 和形状参数 γ 的关系依次为 $\alpha = 4/\gamma^2$、$\beta = \sigma|\gamma|/2$ 和 $\xi = \mu - 2\sigma/\gamma$。

GEV 分布见式（4.6），GPD 分布见式（4.7）

GEV 分布 $\quad f(x)=\dfrac{1}{\sigma}t(x)^{\xi+1}\exp[-t(x)]$，其中 $t(x)=\begin{cases}\left(1+\xi\dfrac{x-\mu}{\sigma}\right)^{-1/\xi}\\ \exp[-(x-\mu)/\sigma]\end{cases}$ (4.6)

GPD 分布 $\qquad\qquad f(x)=\dfrac{1}{\sigma}\left(1+\xi\dfrac{x-\mu}{\sigma}\right)^{-(1/\xi+1)}$ (4.7)

在式（4.6）和式（4.7）中，$\mu\in\mathscr{R}$、$\sigma\in(0,+\infty)$ 和 $\xi\in\mathscr{R}$ 分别是概率分布的位置、尺度和形状参数。

其次，采用 Copula 函数连接洪峰和洪量的边缘分布，构建两变量联合分布。当 CLR 方法检测的峰量关系保持一致性时，估计的 Copula 参数为恒定值；峰量关系的强度出现非一致性变化时，将 Copula 参数表达为时间的函数，采用边际函数推断法（IFM）估计 Copula 时变参数，以表征两变量关系随时间变化的特征。备选 Copula 函数包括阿基米德和椭圆家族的 Gaussian、Clayton、Gumbel、Frank 和 Joe copula。

最后，分别考虑给定洪峰和洪量同时发生（AND 关系）和至少其中之一发生（OR 关系）的情况，计算洪水的两变量同现重现期和联合重现期，对应计算公式见式（4.8）和式（4.9）

同现重现期 $\quad T_{\text{AND}}=\dfrac{interval}{P(peak\geqslant p\bigcap vol\geqslant v)}=\dfrac{n/s}{1-u-v+C(u,v)}$ (4.8)

联合重现期 $T_{\text{OR}}=\dfrac{interval}{P(peak\geqslant p\bigcup vol\geqslant v)}=\dfrac{n/s}{1-C(u,v)}$ (4.9)

式中：$interval$ 是两场洪水的平均间隔时间；n 是径流资料的观测年数；s 为观测期内洪水的频次；$u=P(peak\leqslant p)$ 和 $v=P(vol\leqslant v)$ 分别是洪峰和洪量的累积概率。

根据以上公式，即可计算任意给定峰量组合下洪水的两变量重现期。

4.2.3 洪水风险评估中的承灾体脆弱性指数构建

脆弱性（Vulnerability）被定义为，自然灾害发生时，承灾体的暴露元（如人类、生计和资产）受到不利影响的倾向（propensity）或者趋势（predisposition）。与干旱风险中脆弱性的表示方法有所区别，本章根据洪水风险的形成机制，改进了 3.2.5 中的脆弱性指数计算方法。在洪水风险评估中，脆弱性主要考虑了人类发展维度和下垫面特征维度。

（1）人类发展维度 dim(human) 见式（4.10）

$$\dim(\text{human})=1-HDI$$ (4.10)

式中：HDI 是人类发展指数（Human Development Index，HDI）。

该指数综合量化了人类在多个重要领域（健康、教育和经济）的发展成就，包括：①健康的身体和长寿；②受教育程度高；③优越的生活条件。

式（4.10）表明，当人口的健康状况良好、受教育程度高、生活优渥时，其对洪水的防灾避险意识更强，更有能力为不动产购买保险以减少损失，因此有助于减少洪水发生时受到不利影响的可能性，降低了脆弱性。

（2）下垫面特征维度 dim(surface) 见式（4.11）

$$\dim(\text{surface})=(\text{per\_impermeable})^{\text{per\_waterbody}}$$ (4.11)

式中：per_impermeable 和 per_waterbody 分别是像元内不透水地面（大致由人类聚落

面积表征）和各类水体（河湖池塘）所占面积的百分比。

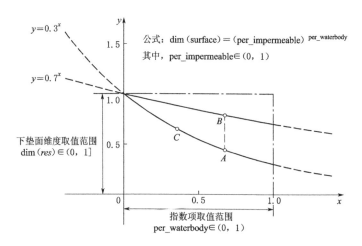

图 4-2　脆弱性指数的下垫面特征维度取值范围示意图

式（4.11）的图解如图 4-2 所示。可以看到，对于 A、B 两个像元具有相同的水域面积，但 B 像元的不透水面积（下渗率低）大，洪水发生时更容易遭受不利影响，由式（4.11）计算的下垫面维度脆弱性更高。A 和 C 像元具有相同的不透水地面面积，但 A 像元的水体面积更大，代表蓄洪滞洪的能力更强，其下垫面维度的脆弱性因而低于像元 C。由此可见，所构造的脆弱性下垫面特征维度公式符合常识，具有合理性。

4.2.4　洪水风险的估算

最终，集成洪水频率、暴露度和脆弱性指数，估算给定峰量组合下洪水风险，表达式见式（4.12）

$$Risk^i(peak,vol) = P^i(peak,vol) \times Exp^i \times Vul^i \tag{4.12}$$

式中：上标 i 代表年份序号。

在非一致性条件下，洪水发生概率 P 将成为关于时间的函数；暴露度指数中的人口和 GDP、脆弱性指数中的不透水地面和水体面积均随时间变化。因此，计算得到的洪水风险在观测期内并非恒定，对其年均变化率等统计量进一步分析，有利于揭示洪水风险的演变规律。

4.3　西江流域洪水属性分析

收集到西江流域 19 个水文站的逐日流量观测值，剔除缺失值较多的 8 个站点，最终筛选出 11 个站点的等长观测资料用来评估洪水风险。待分析数据的时间跨度为 1997—2017 年，共 21 年时长。11 个站点的拓扑关系如图 4-3 所示，其中江边街、天峨、迁江、武宣、大湟江口、梧州站位于西江干流，百色、南宁和贵港在西江流域的最大支流——郁江上，对亭和柳州站地处第二大支流——柳江。

4.3.1　超定量洪水的门限值

图 4-4 以百色和大湟江口站为例展示了超定量洪水门限值的确定过程。

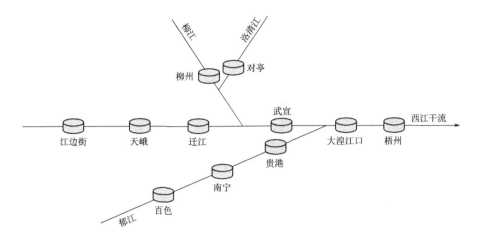

图 4-3　水文站拓扑关系概化图

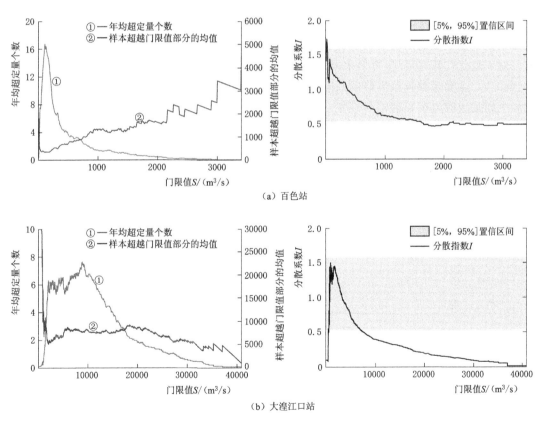

（a）百色站

（b）大湟江口站

图 4-4　超定量洪水门限值的选择

在百色站，1997—2017 年逐日径流的最大值为 8670 m^3/s，因此在（0，8670）区间内，以 10 m^3/s 为步长，按照 4.2.1 小节所述方法搜索最优的超定量门限值。图 4-4（a）

中绘制了门限值 S-年均超定量个数、门限值 S-样本超过部分均值 $(\overline{X}-S)$ 和门限值 S-分散指数 I 共 3 条关系曲线。可以看到，在 $[190,2890]$ 区间内，门限值与样本超过部分均值 $(\overline{X}-S)$ 保持了较好的线性关系，从该区间筛选门限值有利于提高概率分布参数估计值的稳定性；同时，为了保证超定量年发生次数服从泊松分布，根据分散系数应当位于 $[5\%,95\%]$ 置信区间的要求，可将门限值的可行区间缩小至 $[190,1520]$；最后，选择年均超定量次数大于 2 的最大门限值 840 $\mathrm{m^3/s}$，作为最优的超定量门限值，目的在于加强样本的独立性。

对于大湟江口站，过去 21 年日径流最大观测值为 42400 $\mathrm{m^3/s}$，因而在 $(0,42400)$ 区间内优选最佳的门限值。图 4-2 表明：门限值与样本超越均值在 $[6590,15000]$ 和 $[18570,35000]$ 两个区间内具有良好的线性关系；进一步考察分散指数的 $[5\%,95\%]$ 置信区间，将门限值的可行区间缩小至 $[6590,6980]$；最后根据年均超定量次数大于 2 的要求，取可行区间的最大值 6980 $\mathrm{m^3/s}$ 作为最佳的超定量门限值。

采用同样的方法，通过考察门限值 S 与年均超定量个数、样本超过部分均值 $(\overline{X}-S)$ 和分散指数 I 的关系，可以依次在江边街、天峨、迁江、武宣、梧州、南宁、贵港、对亭和柳州站优选出超定量洪水门限值，分别为 290$\mathrm{m^3/s}$、2200$\mathrm{m^3/s}$、2610$\mathrm{m^3/s}$、6440$\mathrm{m^3/s}$、8010$\mathrm{m^3/s}$、1880$\mathrm{m^3/s}$、2340$\mathrm{m^3/s}$、990$\mathrm{m^3/s}$ 和 3090$\mathrm{m^3/s}$。分析结果可以发现，无论在西江干流，还是支流的郁江和柳江，门限值均有从上游向下游不断增大的特点。

对于最优门限值筛选的洪水样本，还检验了连续洪峰的独立性。按照式（4.3）和式（4.4），主要考察连续洪峰的间隔时间是否大于流域汇流时间（见表 4-1）以及连续洪峰之间是否存在明显的消落现象。当上述两个条件同时满足时，即可视为两个独立的洪水事件；否则，需要对其合并，合并后新洪水事件的洪峰流量为连续洪峰的极大值。

表 4-1　　　　　　　　　　水文站以上集水面积的汇流时间

站　点	集水面积/$\mathrm{km^2}$	汇流时间/d	站　点	集水面积/$\mathrm{km^2}$	汇流时间/d
江边街	2516	12.83	百色	21700	14.99
天峨	105535	16.57	南宁	72700	16.19
迁江	128938	16.78	贵港	86300	16.37
武宣	196655	17.19	对亭	7274	13.89
大湟江口	289418	17.58	柳州	45413	15.72
梧州	327006	17.70	—	—	—

4.3.2　洪水属性

根据超定量法筛选出的洪水样本，统计了洪峰、洪量、历时等洪水属性，如图 4-5 所示。结果表明：在所研究的 11 个水文站中，梧州站的洪水平均洪峰最大，高达 17291 $\mathrm{m^3/s}$；大湟江口、武宣和贵港站的平均洪峰也相对较大；最小平均洪峰出现在干流上游的江边街站，为 607 $\mathrm{m^3/s}$；平均洪峰的极大值是极小值的 28.49 倍。在图中，西江干流、郁江和柳江的水文站均按照由上游到下游的顺序排列。容易发现，平均洪峰在西江干流和主要支流沿着河道逐渐增大。

平均洪量的极小值和极大值为 5.25 亿 $\mathrm{m^3}$ 和 173.04 亿 $\mathrm{m^3}$，同样分别出现在流域上

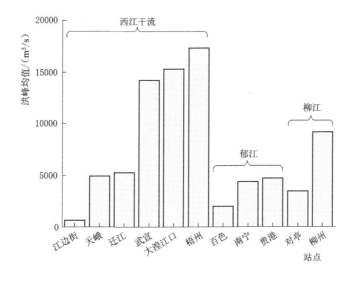

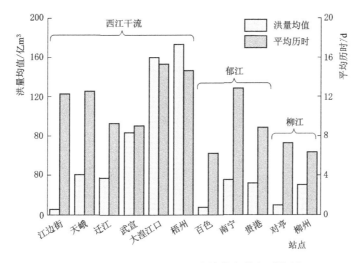

图 4-5　1997—2017 年西江流域洪水的主要特征

游的江边街和下游的梧州站。就平均历时而言，极小值是百色站的 6.22d，大湟江口站的平均历时最长（15.33d），紧随其后的是梧州站（14.65d）。值得一提的现象是，在西江干流上，天峨站位于上游，其平均洪量和历时却大于下游的迁江站。在郁江流域观察到同样的现象：下游贵港站的平均洪量和历时小于上游的南宁站。结合西江流域水利工程建设和运行情况，发现岩滩水库（总库容 33.5 亿 m³）恰恰位于西江干流的天峨和迁江站之间，在郁江流域的南宁—贵港区间坐落着西津水库（总库容 30 亿 m³）。表明，岩滩和西津水库发挥了积极的防洪作用，有效削减了下游的洪量和洪水持续时间。

因此，从洪峰、洪量和历时属性来看，西江流域洪水总体从上游向下游不断聚集和放大，在下游的梧州站容易形成峰高、量大和持续时间长的洪水过程，应当引起流域决策者的重视。同时，西江流域运行的水利工程（如岩滩和西津水库）有利地消减了洪量并缩短下游洪水的持续时间，对保障流域安全起到积极作用。

4.4　洪峰、洪量的边缘分布与联合分布

在拟合洪峰和洪量边缘分布时，通过 ADF 检验，考察各站点的洪峰、洪量序列是否保持一致性。结果发现：

（1）百色站的洪峰和洪量均不满足一致性假设；在其他 10 站，则保持了较好一致性。

（2）对于百色站，采用 GAMLSS 模型模拟非一致的洪峰、洪量概率分布，计算对应时变分布参数。以 SBC 准则作为拟合优度的判断条件，在 11 种备选分布中 Lognormal 分布的拟合程度最高，筛选为洪峰属性的最优边缘分布。采用同样的方法，可以优选出 Exponential 分布作为洪量的边缘分布。

（3）可以根据残差诊断图 Worm plot 直观地评价基于 GAMLSS 模型的边缘分布模拟效果。由图 4-6（a）、图 4-6（b）可见，代表偏差的散点位于两条灰线之间（代表 95% 置信区间的上下界），并且分布在表示零值的虚线附近，说明拟合误差较小，且在允许范围之内。图中还进一步展示了百色站洪峰和洪量的时变概率分布、绝大多

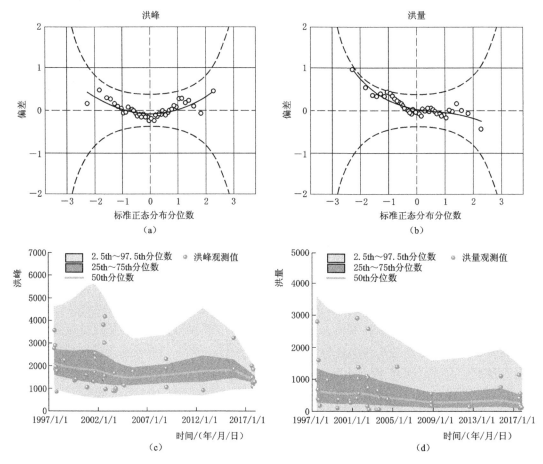

图 4-6　百色站洪峰和洪量的 Worm plot 拟合优度检验与时变概率分布

数观测值位于95%置信区间内,说明得到的时变分布能够较好反映洪水峰—量属性的非一致特征。

对于其余水文站点,则仅需模拟恒定参数的洪峰、洪量分布,筛选的最优分布类型在表4-2中依次罗列。可以看到,在西江流域11个代表站,Pearson type Ⅲ分布对洪峰拟合程度最高,Lognormal分布对洪量拟合效果较好。

表4-2 洪峰和洪量的最优边缘分布

站　名	洪　峰	洪　量	站　名	洪　峰	洪　量
江边街	Pe3	GG	百色	Pe3	EXP
天峨	Pe3	Lognormal	南宁	Lognormal	Lognormal
迁江	Pe3	GEV	贵港	Pe3	GG
武宣	Pe3	Lognormal	对亭	Pe3	GG
大湟江口	Pe3	GEV	柳州	Pe3	Lognormal
梧州	Pe3	Lognormal	—	—	—

注:EXP、Pe3和GG分别是Exponential、Pearson type Ⅲ和Generalized gamma分布的简写。

得到边缘分布后,使用Copula函数建立多变量联合分布,其基本假设在于被连接的变量间存在较强的相依性。因此,在拟合洪峰—洪量联合分布时,首先计算了各站点峰量的Pearson相关系数。结果表明,洪峰和洪量的相关性在所有站点均超过0.6,迁江站最大,达到0.849,满足了使用Copula函数的前提条件。然后,采用CLR方法逐站检验两变量峰量关系的一致性假设是否成立。所有站点中仅柳州站的峰量关系呈非一致特征。因此,在柳州站,将洪峰发生时间作为解释变量,模拟备选Copula函数的时变参数,以反映非一致的洪峰—洪量相依结构。以BIC作为评判准则,Gaussian,Clayton,Gumbel,Frank和Joe五种备选Copula的拟合优度依次是-127.31、4.83、-127.18、-126.25和-112.59。从中选择BIC值最小的Gaussian Copula作为最优,建立洪峰—洪量的联合分布。其中,Copula时变参数的表达式为$\theta = 0.92 - 2.72 \times 10^{-6} t$。对于其他峰量关系保持一致性的站点,则采用极大似然法估计恒定的Copula参数。在各站,拟合优度最高的Copula函数及其参数估计值见表4-3。

表4-3 最优Copula函数及其参数估计值

站　名	函数	参数值	站　名	函　数	参数值
江边街	Frank	11.57	百色	Frank	6.97
天峨	Joe	2.58	南宁	Frank	10.40
迁江	Joe	3.63	贵港	Gumbel	2.81
武宣	Gumbel	3.10	对亭	Frank	8.97
大湟江口	Gaussian	0.90	柳州	Gaussian	$0.92 - 2.72 \times 10^{-6} t$
梧州	Gumbel	2.47	—	—	—

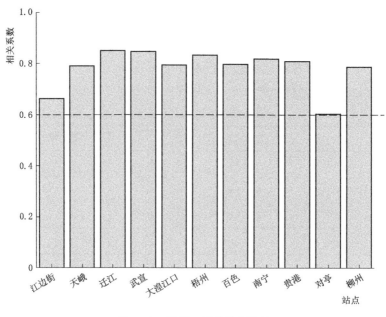

图 4-7 洪峰—洪量的相依性

4.5 不同峰—量组合下两变量洪水重现期

本节计算不同峰—量组合下洪水的两变量联合重现期（OR 关系，给定洪峰和洪量至少其中之一发生）与同现重现期（AND 关系，要求给定洪峰—洪量同时发生）。首先，根据上节拟合的洪水属性边缘分布，推求不同重现期水平下的单变量设计洪峰和洪量。值得指出的是，鉴于收集到的洪水观测资料较短暂，仅针对 5 年、10 年、20 年和 30 年 4 个重现期水平进行分析，以减小结果的不确定性。其次，利用式（4.8）和式（4.9）计算了给定峰—量组合的联合重现期（表 4-4）和同现重现期（表 4-5）。重现期越小，说明给定洪水发生的可能性越大；反之亦然。

表 4-4 不同峰—量组合下两变量联合重现期（OR 关系）

站　　点	联 合 重 现 期 / 年			
	单变量 5 年一遇	单变量 10 年一遇	单变量 20 年一遇	单变量 30 年一遇
江边街	2.97	5.51	10.54	15.55
天峨	3.82	7.64	15.28	22.93
迁江	**4.13**	**8.26**	**16.52**	**24.78**
武宣	4.01	8.01	16.01	24.01
大湟江口	3.57	6.93	13.52	20.01
梧州	3.79	7.57	15.12	22.67
百色	3.14	5.72	10.77	15.79

续表

站　点	联合重现期/年			
	单变量5年一遇	单变量10年一遇	单变量20年一遇	单变量30年一遇
南宁	**2.92**	**5.46**	**10.48**	**15.48**
贵港	3.92	7.83	15.64	23.46
对亭	2.95	5.49	10.51	15.52
柳州	3.28	6.36	12.37	18.30

表4-5　　　　　不同峰—量组合下两变量同现重现期（AND关系）

站　点	同现重现期/年			
	单变量5年一遇	单变量10年一遇	单变量20年一遇	单变量30年一遇
江边街	15.88	53.88	195.95	426.10
天峨	7.23	14.46	28.92	43.39
迁江	**6.33**	**12.67**	**25.33**	**38.00**
武宣	6.63	13.30	26.64	39.97
大湟江口	8.35	17.94	38.40	59.88
梧州	7.33	14.73	29.54	44.34
百色	12.34	39.82	139.89	300.06
南宁	**17.36**	**59.78**	**219.54**	**479.16**
贵港	6.89	13.83	27.72	41.61
对亭	16.42	56.03	204.54	445.42
柳州	10.49	23.46	52.25	83.34

　　观察表4-4发现，两变量联合重现期（OR关系）均小于单变量重现期。在单变量5年重现期的洪峰—洪量组合下，南宁站的联合重现期最小（2.92年），江边街（2.97年）、对亭（2.95年）、百色（3.15年）和柳州站（3.28年）与其差异不大；与以上站点相比，大湟江口（3.57年）、梧州（3.79年）、天峨（3.82年）、贵港（3.92年）武宣（4.01年）和迁江站（4.13年）的联合重现期相对较大，均大于3.5年，最大值出现在迁江站。因此，西江干流、郁江和柳江的上游控制站更容易发生洪峰或洪量超过设计值的洪水。考察单变量10年、20年和30年重现期的洪峰—洪量组合，亦有同样规律。

　　同时，由表4-5可见，同现重现期（AND关系）均大于单变量重现期，且11个站点间的差异较大。评估单变量5年重现期的洪峰—洪量组合发现，迁江站的同现重现期最小（6.33年），与其相当的是武宣（6.63年）、贵港（6.83年）、天峨（7.23年）、梧州（7.33年）、大湟江口（8.35年）；相比之下，柳州（10.49年）、百色（12.34年）、江边街（15.88年）、对亭（16.42年）和南宁站（17.36年）站的同现重现期明显较大，均超过10年，最大值出现在南宁站。因而，西江干流中下游、郁江和柳江下游的站址容易发生洪峰和洪量同时超过设计值的洪水，这是相对于洪峰—洪量其中之一被超越更为不利的情况，应当引起防汛部门足够重视。考察单变量10年、20年和30年重现期的洪峰—洪量组合，可以发现同样规律。

　　总结两变量洪水频率分析的结果发现，联合重现期（OR 关系）大体遵循从流域上游向下游递增的态势，说明流域上游站点容易发生洪峰或洪量超过给定值的洪水；相反地，同现重现期（AND 关系）则从上游向下游逐渐减小，表明下游站点更容易发生洪峰和洪量同时超过设计值的不利情景。

4.6　1997—2017 年西江流域洪水风险分析

　　在洪水两变量频率分析基础上，结合 11 个水文站所在像元的暴露度和脆弱性指数，依据式（5.5），计算了给定峰量组合下的洪水风险。

　　首先，图 4-8 展示了 1997—2017 年暴露度指数的逐年计算结果。由图 4-8 可见，各站点的暴露度指数在过去 20 年整体呈增长态势。其中，南宁和柳州站的暴露度居第一位和第二位，原因在于两市经济体量和人口聚集程度在西江流域处于领先位置；与之相比，暴露度指数在干流上游的江边街和天峨站明显较小，这也反映出站址所在地的人口—经济发展相对滞后。

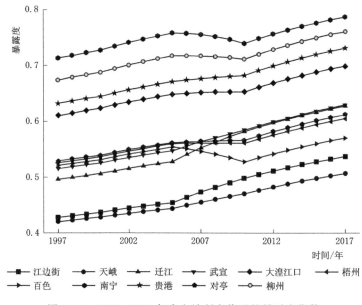

图 4-8　1997—2017 年水文站所在像元的暴露度指数

　　其次，图 4-9 表明，1997—2017 年间各站所在像元的脆弱性呈明显的递减趋势。在城市化大背景下虽然由人类聚落表征的不透水面积不断增大，但是人口健康状况、防灾避险意识和减灾基础设施建设水平的提高主导了脆弱性的降低。在 11 个站点中，江边街站对洪水的脆弱性最高，大湟江口站最低。

　　最后，在 1997—2017 年时段内的各年，累乘给定洪水在年内的发生概率、脆弱性和暴露度指数，计算各站点逐年的洪水风险。值得说明的是，当洪峰、洪量序列和峰量关系

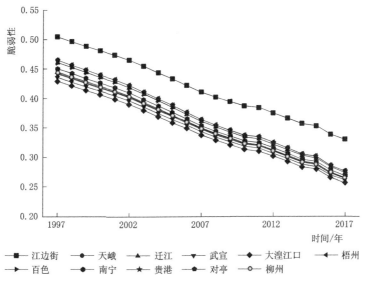

图 4 - 9　1997—2017 年水文站所在像元的脆弱性指数

其中之一出现非一致变化时，拟合的边缘分布或联合分布将具有时变参数，导致给定洪水在不同年份的发生概率也不同；反之，关于单变量和两变量关系的一致性假设成立时，给定洪水在分析时段内的发生概率始终保持恒定。

以收集到的天生桥一级水库 30 年一遇（$P = 3.3\%$）典型设计洪水为例，评估了 11 个站点的洪水风险。该设计洪水的过程线如图 4 - 10 所示，最大洪峰和洪量分别为 11000m³/s 和 100.2 亿 m³。当考察给定洪峰—洪量同时被超越这一最不利情景时，图 4 - 11 展示了该设计洪水在西江流域不同站点 1997—2017 年的平均风险。直观可见：

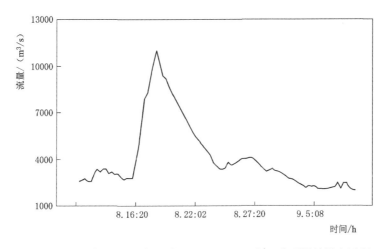

图 4 - 10　天生桥一级水库 30 年一遇（$P = 3.3\%$）典型设计洪水过程

（1）该峰量组合下的洪水风险在西江干流、支流的郁江和柳江，均呈现出从上游向下游不断放大的现象。

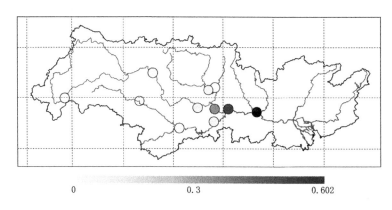

图 4-11　典型设计洪水在西江流域各站点的洪水风险

（2）西江干流站点（江边街、天峨、迁江、武宣、大湟江口和梧州）的平均风险依次为 3.42×10^{-13}、0.0274、0.0806、0.337、0.531 和 0.602；郁江的百色、南宁和贵港站为 1.10×10^{-6}、0.0149 和 0.0488；柳江的对亭和柳州站分别是 2.78×10^{-4} 和 0.0495。

综上所述，在 11 个站点中，给定洪峰（11000 m^3/s）和洪量（100.2 亿 m^3）组合下平均风险的极大和极小值分别在梧州和江边街站出现，大湟江口和武宣站的风险也明显较大；在两大支流（郁江和柳江）的下游站——贵港（0.0488）和柳州（0.0495），风险相当。

为了提供更富有信息量的风险评估成果，还列举了 10000 种峰量组合，在 11 个站点计算对应的洪水风险，绘制等值线图（图 4-12）。其优势在于可以根据任意给定的洪峰和洪量值，快速识别两变量洪水风险等级。在图中，设定了洪峰和洪量范围 500～50000m^3/s 和 5 亿～500 亿 m^3，计算步长分别为 500m^3/s 和 5 亿 m^3。

由图可见，在设定的洪峰和洪量范围内，郁江的百色、南宁和贵港站、柳江的对亭和柳州站以及西江干流的江边街、天峨和迁江站的洪水风险很小，干流中下游的武宣、大湟江口和梧州站的中高风险值则十分醒目。同时直观发现，洪水风险的中高值区域在郁江（百色——南宁——贵港）、柳江（对亭——柳州）和西江干流（江边街——天峨——迁江——武宣——大湟江口——梧州）从上游向下游站点呈不断扩大态势。在图中，对比较大的峰量组合，低等级的洪峰和洪量导致了更大的洪水风险。这是因为峰量较小的洪水事件出现概率更大，容易对承灾体造成更加频繁的不利影响。

进一步，放大并聚焦于各站的中高风险区（见图 4-12），结合 4.3.1 优选的超定量洪水门限值，可以识别对应的洪峰和洪量区间。假设中等风险和高风险的阈值分别为 0.5 和 0.7，结果表明：在百色站，当洪峰和洪量分别在 840～990m^3/s 和 0.1 亿～0.5 亿 m^3 范围时，将导致中等程度的洪水风险。在西江下游的梧州站，由于区间汇流，容易形成更高量级的洪水，中等以上风险的洪峰和洪量阈值也迅速增长至 8010～17500m^3/s 和 5 亿～130 亿 m^3；另外，当峰一量观测值位于 8010～14000m^3/s 和 5 亿～85 亿 m^3 时，对应的洪水高风险大于 0.7，属于高值风险。对于其他站点，同样识别出了中、高风险洪水的洪峰和洪量区间。

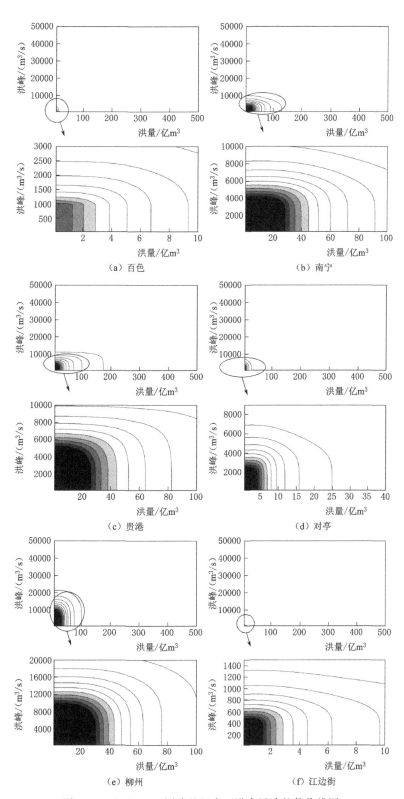

图 4 - 12（一）　不同峰量组合下洪水风险的等值线图

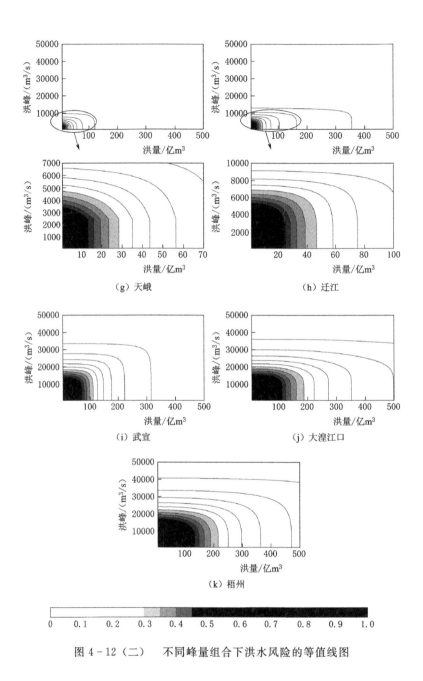

（g）天峨　　　　　　　　　（h）迁江

（i）武宣　　　　　　　　　（j）大湟江口

（k）梧州

0　0.1　0.2　0.3　0.4　0.5　0.6　0.7　0.8　0.9　1.0

图 4-12（二）　不同峰量组合下洪水风险的等值线图

4.7　1997—2017 年洪水时变风险的演变特征与归因分析

本节计算了洪水风险的逐年评估结果，分析了风险的年均变化量，旨在揭示 1997—2017 年洪水风险的演变特征。

上节以天生桥（一级）水库 30 年一遇设计洪水（洪峰和洪量分别为 11000m³/s 和

100.2 亿 m³）为例的评估结果表明，在所研究的 11 个站点中，洪水风险均值在西江干流中下游的武宣、大湟江口和梧州站明显较大。因此，在图 4-13 中点绘出 3 站 1997—2017 年历年的洪水风险。由图可见，近 21 年来，武宣、大湟江口和梧州站洪水风险呈明显减小趋势，逐步从 1997 年的 0.386、0.626 和 0.711 降低到 2017 年的 0.282、0.428 和 0.486，总降幅分别达到 26.94%、31.63% 和 31.65%，以梧州最高。

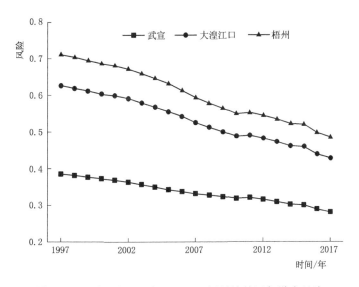

图 4-13　干流武宣、大湟江口和梧州站的逐年洪水风险

同时，计算了 11 个站点洪水风险的年均变化量，结果见表 4-6。观察发现：1997—2017 年，各站洪水风险的平均变化量均为负值，说明洪水风险有利地呈现缓解态势；上游站点变化微弱，下游站点变化量较大。梧州站的风险年均减少最为明显（-1.17×10^{-2}/年），其次是大湟江口（-1.02×10^{-2}/年）、武宣（-4.98×10^{-3}/年）和迁江（-1.04×10^{-3}/年）；在两大支流（郁江和柳江）下游的贵港和柳州站，年均变化量相当，分别为 -9.01×10^{-4}/年和 -1.01×10^{-3}/年。

根据"风险=灾害发生概率×暴露度×脆弱性"的计算公式，从各风险因子的变化过程来解释西江流域不断衰减的洪水风险。1997—2017 年，各风险因子在的年均变化量在表 4-6 中列出。结果表明：洪水发生概率在过去 21 年基本保持恒定，仅在柳州站以 -9.71×10^{-5}/年的速率变小；各站的暴露度均不断增长（反映了过去 21 年西江流域人口—经济不断发展的现实），年均增量为 4.40×10^{-3}，以暴露度均值为基准，年均增幅为 0.742%；相反地，脆弱性指数则呈更加明显的减小趋势，年均减小 9.12×10^{-3}，以脆弱性均值计算的年均降幅达 2.50%，是暴露度增速的 3.37 倍。因此，尽管过去 21 年间洪水发生概率基本不变、暴露度指数随着人口—经济的发展不断增大，但承灾体脆弱性的快速减小，有利地导致了西江流域洪水风险的不断衰减，是 1997—2017 年风险变化的主导因素。

表 4 - 6　　　　　　1997—2017 年风险因子与两变量洪水风险的年均变化量

河段	站点	(a) 洪水发生概率	(b) 暴露度	(c) 脆弱性	风　险
郁江	百色	0	1.58×10^{-3} ↑	-9.44×10^{-3} ↓	-2.30×10^{-8} ↓
	南宁	0	2.88×10^{-3} ↑	-9.19×10^{-3} ↓	-3.24×10^{-4} ↓
	贵港	0	4.75×10^{-3} ↑	-8.93×10^{-3} ↓	-9.01×10^{-4} ↓
柳江	对亭	0	3.88×10^{-3} ↑	-9.52×10^{-3} ↓	-5.29×10^{-6} ↓
	柳州	-9.71×10^{-5} ↓	3.79×10^{-3} ↑	-8.92×10^{-3} ↓	-1.01×10^{-3} ↓
西江中下游	江边街	0	6.02×10^{-3} ↑	-8.81×10^{-3} ↓	-3.03×10^{-15} ↓
	天峨	0	4.53×10^{-3} ↑	-9.06×10^{-3} ↓	-4.35×10^{-4} ↓
	迁江	0	7.28×10^{-3} ↑	-9.44×10^{-3} ↓	-1.04×10^{-3} ↓
	武宣	0	6.04×10^{-3} ↑	-8.79×10^{-3} ↓	-4.98×10^{-4} ↓
	大湟江口	0	4.08×10^{-3} ↑	-8.68×10^{-3} ↓	-1.02×10^{-2} ↓
	梧州	0	3.58×10^{-3} ↑	-9.52×10^{-3} ↓	-1.17×10^{-2} ↓

4.8　小　　结

西江流域占珠江流域总面积 77.83%，自古以来频繁受到洪水侵袭，是珠江流域防洪重点区域。因此，本章以西江流域 11 个代表水文站的日实测径流数据为基础，开展考虑非一致性和多重风险因子的洪水灾害风险评估，同时揭示变化环境下洪水时变风险的演变规律及其驱动机制。首先，有机融合样本均值法、分散系数法和年均发生次数法筛选超定量洪水门限值，用于提取洪水样本和洪峰、洪量、历时等属性。然后，通过 GAMLSS 模型模拟洪峰、洪量及其相依关系的非一致特征，开展洪水两变量非一致性频率分析。在此基础上，结合承灾体的暴露度和脆弱性，评估了流域的洪水风险，绘制了风险图，同时识别了中、高风险值对应的洪峰—洪量区间。最后，辨识并归因分析了西江流域近 21 年洪水风险的演变趋势。主要结果总结如下：

（1）平均洪峰在西江干流和主要支流沿着河道逐渐聚集并放大，至下游的梧州站容易形成峰高、量大和持续时间长的洪水过程（平均洪峰、洪量和历时分别为 17291m³/s、173.04 亿 m³ 和 14.65d）。

（2）5 年、10 年、20 年和 30 年重现期水平的单变量洪峰—洪量组合下，干支流上游站点的联合重现期（OR 关系）相对更小，表明流域上游洪峰或洪量容易超过设计值；同现重现期（AND 关系）则在干流中下游、郁江和柳江下游的站址更小，说明干支流下游更容易出现洪峰和洪量同时超过设计值这一更加不利情况。

（3）以流域典型设计洪水为例，干流中下游梧州（0.602）、大湟江口（0.531）和武宣站（0.337）的平均风险明显较大，干支流上游风险均十分微弱；在两大支流（郁江和柳江）的下游站——贵港（0.0488）和柳州（0.0495），风险则相当。同时，通过列举 10000 种峰量组合，识别出各站点中、高洪水风险对应的洪峰和洪量区间，该峰量区间同样具有从流域上游向下游不断扩大的特点。

（4）1997—2017 年，西江流域洪水风险有利地呈现递减态势，其中在干流中下游的武宣、大湟江口和梧州站十分显著，总降幅分别达到 26.94％、31.63％和 31.65％。依据"风险＝灾害发生概率×暴露度×脆弱性"的定义，归因分析洪水风险的衰减现象发现：过去 21 年间洪水发生概率基本不变、暴露度指数随着人口—经济的发展不断增大，但是承灾体脆弱性以更快的速度减小，导致西江流域洪水风险的不断衰减，成为 1997—2017 年风险变化的主导因素。

第5章 相邻季节干湿复合事件的时变风险分析

5.1 概　述

承灾体遭遇的各种灾难（disaster）往往由多种（而仅非一种）在时间和空间上相互耦合的极端事件共同诱发。例如，在俄罗斯西部，2010 年前 7 个月降水的连续亏缺加剧了夏季热浪强度，随后在极端干热条件协同作用下，又发生了大范围山火；沿海地区的洪涝灾害不仅取决于上游河道洪水，其风险还因同期发生的风暴潮和变暖背景下海平面的上升而加剧。当多种时空关联的物理过程［更加具体地理解为灾难的气候驱动因子（climate drivers）或自然灾害（hazards）］共同导致严重的社会经济影响时，即被称为复合事件（compound event 或者 cascading event）。传统的风险评估方法通常仅考虑一种驱动因子或自然灾害，可能大大低估风险水平，原因在于具有时空相关性的极端事件还可以相互作用，增强影响的范围和强度。因此，近年来的研究越来越多地关注了复合事件及其在变环境下的风险。

在大气环流与特殊的地形地貌共同作用下，珠江流域降水时空分布十分不均匀，导致下垫面的旱涝灾害频发，旱涝急转也多有发生。由降水异常导致的陆地表面持续干燥和湿润状态，容易对农作物生长、社会经济活动造成长期不利影响；干、湿状态在短时间内交替出现形成了干湿互转事件（包括由干转湿和由湿转干），其危害和减灾成本也大大高于独立的洪水和干旱灾害。

因此，本章采用降水的异常变化来表征下垫面的干湿状况，以相邻季节干湿复合事件为研究对象，在珠江流域评估相邻季节由干转湿、由湿转干、连续干燥和连续湿润共 4 种干湿复合事件的风险。由于综合考虑了复合事件潜在的非一致统计特征和承灾体的时变暴露度、脆弱性，得到的风险也将呈现动态变化特征，有利于揭示干湿复合事件风险的时空演变规律。本章进一步将干湿复合事件纳入水资源风险评估体系，其结果是对洪旱灾害评估成果的有益补充。

5.2 研　究　方　法

本章提出相邻季节干湿复合事件风险评估模型，如图 5-1 所示在模型中考虑了季节降水的非一致性和多元风险因子。风险评估的第一步是计算干湿复合事件的频率，包括检验关于季节降水的一致性假设是否成立、利用 GAMLSS 模型拟合相邻季节降水的时变/恒定参数边缘分布和联合分布、分别计算相邻季节（即春—夏、夏—秋、秋—冬和冬—春）干湿复合事件（包括由干转湿、由湿转干、持续干燥和持续湿润）的发生概率。然

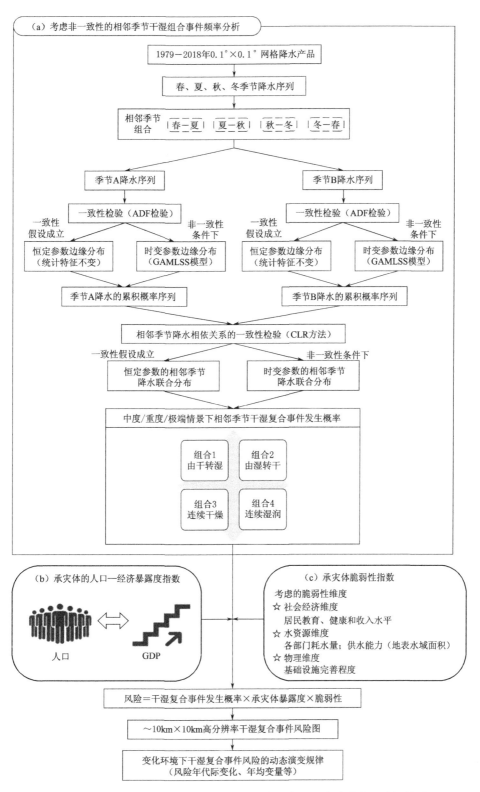

图 5-1 考虑非一致性和多元风险因子的相邻季节干湿复合事件风险评估模型

后，融合人口、经济、基础设施完善程度、水资源压力等多源信息，按照第 3 章提出的公式 [式（3.23）和式（3.24）]，估算承灾体的暴露度和脆弱性水平。最后，根据"风险＝灾害发生概率×承灾体暴露度×脆弱性"的定义，评估珠江流域相邻季节干湿复合事件风险，绘制高分辨率（0.1°×0.1°）的风险图；同时，计算和分析风险的年代际空间分布和年均变率，以揭示近 40 年干湿复合事件风险在时间和空间上的演变规律。

5.2.1　季节尺度干湿状态的识别

如图 5-1 所示，网格化的降水月值数据被聚合到季节尺度，用以表征春、夏、秋和冬季的干湿状态。参考世界气象组织（WMO）推荐的 SPI 指数，对历史降水进行排频，根据当前降水观测值落入的百分位区间，识别所在季节的干湿状况。见表 5-1，当季节尺度的观测值位于降水频率的 0%～15.9% 时，认为该季节处于干燥状态；位于 84.1%～100% 时，则属于湿润状态。对干、湿频率区间可以进一步细分，以区分不同程度的干湿状况。例如，6.7%～15.9% 的降水，代表了中度干燥；当降水继续减少，落入 2.3%～6.7% 时，出现重度干燥状态；更加罕见的（0%～2.3%）降水亏缺发生时，对应了极端干燥。同样地，对于湿润状态，采用等长的频率区间，可以区分中度、重度和极端湿润状态。对于干湿状态的细分，目的是便于设置不同情景（中度、重度和极端），分别评估干湿复合事件的风险。

表 5-1　　　　　　　　　　　　基于降水概率区间的干湿状况分类

SPI 范围	降水概率区间/%	干 湿 状 态	程　　度
$SPI \leqslant -2$	0～2.3	干燥	极端
$-2 < SPI \leqslant -1.5$	2.3～6.7		重度
$-1.5 < SPI \leqslant -1$	6.7～15.9		中度
$-1 < SPI < 1$	15.9～84.1	正常状态	
$1 \leqslant SPI < 1.5$	84.1～93.3	湿润	中度
$1.5 \leqslant SPI < 2$	93.3～97.7		重度
$SPI \geqslant 2$	97.7～100.0		极端

5.2.2　考虑非一致性的季节降水边缘分布与联合分布模拟

干湿复合事件的频率分析属于两变量范畴，关键在于准确模拟相邻季节降水的相依关系。相依关系的模拟通过拟合单变量边缘分布和两变量联合分布这两个步骤实现。

1. 边缘分布

气候变化影响下，降水序列可能出现非一致（时变）的统计特征。因此，需要采用 ADF 检验首先诊断关于季节降水的一致性假设是否仍然成立。对于非一致的降水序列采用 GAMLSS 模型拟合其时变参数的边缘分布。当一致性假设成立时，同样可以采用 GAMLSS 模型拟合其恒定参数的边缘分布。应用 GAMLSS 模型统一处理一致性和非一致性序列的区别在于，概率分布参数的连接函数设置不同：

（1）序列保持一致性时，概率分布参数保持不变，连接函数表达式见式（5.1）

$$g(\theta_i) = \eta_i = \text{constant} \tag{5.1}$$

（2）序列发生非一致变化时，概率分布参数是关于时间的函数，连接函数设置

见式 (5.2)

$$g(\theta_i) = \eta_i = a(t)t^3 + b(t)t^2 + c(t)t + d(t) \tag{5.2}$$

式中：θ 和 i 代表分布参数及其序号；$g(\cdot)$ 是连接函数；a、b、c 和 d 是待求参数。

由式 (5.2) 可见，本章采用 3 次样条函数表达分布参数与时间的非线性关系，在不同时段分段拟合参数 a_j、b_j、c_j 和 d_j。

采用八种备选分布依次拟合季节降水序列，包括了指数 (Exponential)、正态 (Normal)、耿贝尔 (Gumbel)、逻辑斯蒂 (Logistic)、对数正态 (Lognormal)、两参数的伽马 (Gamma)、韦布尔 (Weibull) 和三参数的广义伽马 (Generalized gamma) 分布，见表 3 - 2。最后，根据 SBC 准则 [见式 (3.4)] 评判备选分布的拟合优度，从中筛选 SBC 值最小的分布作为季节降水的最优分布。

2. 联合分布

为了准确模拟相邻季节降水的联合分布，同样考虑了两变量关系潜在的非一致性特征。在这里，对两变量关系的变异情况进行诊断，主要诊断其关系强度的变化，而假设两变量关系的形状（例如，明显的上尾相关或下尾相关性）保持不变。

兼顾非一致性的两变量联合分布拟合步骤如下：

(1) 采用 Copula 函数似然比方法 (Copula - based likelihood - ratio test，CLR test) 检验两变量关系强度的一致性是否变化；

(2) 一致性假设成立时，在 GAMLSS 框架下基于恒定参数 Copula 函数模拟两变量联合分布，连接函数设置见式 (5.3)

$$g(\theta_c) = \eta = \text{constant} \tag{5.3}$$

或者，当一致性不再满足时，同样在 GAMLSS 框架下基于时变 Copula 函数模拟两变量联合分布，关于时变参数的连接函数表达式见式 (5.4)

$$g(\theta_c) = \eta = \beta_0 + \text{time} \cdot \beta_1 \tag{5.4}$$

式中：θ_c 代表 Copula 参数；β_0 和 β_1 表示待求解的关系系数。

这里将时间作为 θ_c 的解释变量，目的在于描述两变量关系的时变特征；采用边际函数推断法 (IFM) 求解时变 Copula 参数。

(3) 最终，基于 Copula 函数构建的两变量（本章考虑相邻季节降水）联合分布，如下所示：

$$P(pre_A \leqslant PRE_A, pre_B \leqslant PRE_B) = F_{A,B}(PRE_A, PRE_B) = C(u_{pre_A}, u_{pre_B} | \theta_c^i) \tag{5.5}$$

式中：pre_A 和 pre_B 分别表示相邻季节 A 和 B 的降水。

与单变量边缘分布拟合类似，设置了 Gaussian，Clayton，Gumbel，Frank 和 Joe 5 种单参数的备选 Copula 函数（见表 3 - 3）；并根据 BIC 准则筛选最优的 Copula 函数，建立联合分布。

5.2.3　不同情景下相邻季节干湿复合事件的概率估算

得到相邻季节降水的边缘分布和联合分布后，进而可以计算干湿复合事件的发生概率。穷举四种干湿复合事件，包括：由干转湿 (Transition from dryness to wetness)、由湿转干 (Transition from wetness to dryness)、连续干燥 (Prolonged dryness) 和连续湿润 (Prolonged wetness)。图 5 - 2 在二维概率空间上图解了 3 种情景下相邻季节干湿复合事件，对阴影面积上联合分布的概率密度进行积分，即可计算给定干湿组合在季节 A 和 B 发生的概率。

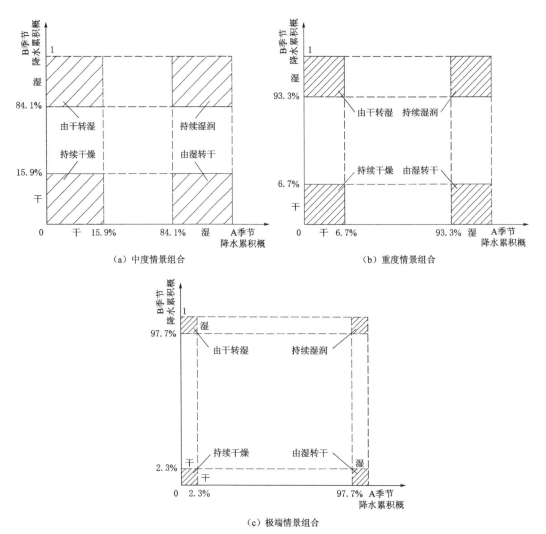

（a）中度情景组合

（b）重度情景组合

（c）极端情景组合

图 5-2　多种情景下相邻季节干湿复合事件示意图

分别考虑了 3 种情景，即中度、重度和极端情景。在不同情景下，干湿复合事件发生概率的数学表达式如下：

（1）中度情景及其以上（干、湿状况分别定义为降水小于经验频率的 15.9% 分位数和大于 84.1% 分位数）：

1)　$P^i(由干转湿)=P^i(pre_A \leqslant PRE_A^{15.9\%}, pre_B \geqslant PRE_B^{84.1\%})$

$= F_A(PRE_A^{15.9\%} | \theta_A^i) - F_{A,B}(PRE_A^{15.9\%}, PRE_B^{84.1\%} | \theta_c^i)$　（5.6）

2)　$P^i(由湿转干)=P^i(pre_A \geqslant PRE_A^{84.1\%}, pre_B \leqslant PRE_B^{15.9\%})$

$$= F_A(PRE_B^{15.9\%}|\theta_B^i) - F_{A,B}(PRE_A^{84.1\%}, PRE_B^{15.9\%}|\theta_c^i) \quad (5.7)$$

3)　$P^i(连续干燥) = P^i(pre_A \leqslant PRE_A^{15.9\%}, pre_B \leqslant PRE_B^{15.9\%})$

$$= F_{A,B}(PRE_A^{15.9\%}, PRE_B^{15.9\%}|\theta_c^i) \quad (5.8)$$

4)　$P^i(连续湿润) = P^i(pre_A \geqslant PRE_A^{84.1\%}, pre_B \geqslant PRE_B^{84.1\%})$

$$= 1 - F_A(PRE_A^{84.1\%}|\theta_A^i) - F_B(PRE_B^{84.1\%}|\theta_B^i)$$

$$+ F_{A,B}(PRE_A^{84.1\%}, PRE_B^{84.1\%}|\theta_c^i) \quad (5.9)$$

式中：$P^i(\cdot)$ 为第 i 年发生干湿复合事件的概率；$PRE_A^{15.9\%}$ 是 A 季节降水经验频率的 15.9% 分位数，其他类似；θ_A^i 和 θ_B^i 分别是 A、B 季节降水分布时变参数在第 i 年估计值；θ_c^i 表示 Copula 函数时变参数在第 i 年的估计值；$F_A(\cdot)$、$F_B(\cdot)$ 和 $F_{A,B}(\cdot)$ 分别代表季节 A 降水、季节 B 降水与其联合分布的理论概率。

（2）重度情景及其以上（干、湿状况分别定义为降水小于经验频率的 6.7% 分位数和大于 93.3% 分位数），将以上各公式中经验频率对应的 15.9% 分位数（$PRE^{15.9\%}$）和 84.1% 分位数（$PRE^{84.1\%}$）降水分别替换成 6.7% 分位数（$PRE^{6.7\%}$）和 93.3% 分位数（$PRE^{93.3\%}$）降水即可：

1)　$P^i(由干转湿) = P^i(pre_A \leqslant PRE_A^{6.7\%}, pre_B \geqslant PRE_B^{93.3\%})$

$$= F_A(PRE_A^{6.7\%}|\theta_A^i) - F_{A,B}(PRE_A^{6.7\%}, PRE_B^{93.3\%}|\theta_c^i) \quad (5.10)$$

2)　$P^i(由湿转干) = P^i(pre_A \geqslant PRE_A^{93.3\%}, pre_B \leqslant PRE_B^{6.7\%})$

$$= F_A(PRE_B^{6.7\%}|\theta_B^i) - F_{A,B}(PRE_A^{93.3\%}, PRE_B^{6.7\%}|\theta_c^i) \quad (5.11)$$

3)　$P^i(连续干燥) = P^i(pre_A \leqslant PRE_A^{6.7\%}, pre_B \leqslant PRE_B^{6.7\%})$

$$= F_{A,B}(PRE_A^{6.7\%}, PRE_B^{6.7\%}|\theta_c^i) \quad (5.12)$$

4)　$P^i(连续湿润) = P^i(pre_A \geqslant PRE_A^{93.3\%}, pre_B \geqslant PRE_B^{93.3\%})$

$$= 1 - F_A(PRE_A^{93.3\%}|\theta_A^i) - F_B(PRE_B^{93.3\%}|\theta_B^i)$$

$$+ F_{A,B}(PRE_A^{93.3\%}, PRE_B^{93.3\%}|\theta_c^i) \quad (5.13)$$

（3）极端情景下（干、湿状况分别定义在降水经验频率的 0% 分位数～2.3% 分位数区间和 97.7% 分位数～100% 分位数区间）：

1)　$P^i(由干转湿) = P^i(pre_A \leqslant PRE_A^{2.3\%}, pre_B \geqslant PRE_B^{97.7\%})$

$$= F_A(PRE_A^{2.3\%}|\theta_A^i) - F_{A,B}(PRE_A^{2.3\%}, PRE_B^{97.7\%}|\theta_c^i) \quad (5.14)$$

2)　$P^i(由湿转干) = P^i(pre_A \geqslant PRE_A^{97.7\%}, pre_B \leqslant PRE_B^{2.3\%})$

$$= F_A(PRE_B^{2.3\%}|\theta_B^i) - F_{A,B}(PRE_A^{97.7\%}, PRE_B^{2.3\%}|\theta_c^i) \quad (5.15)$$

3)　$P^i(连续干燥) = P^i(pre_A \leqslant PRE_A^{2.3\%}, pre_B \leqslant PRE_B^{2.3\%})$

$$= F_{A,B}(PRE_A^{2.3\%}, PRE_B^{2.3\%}|\theta_c^i) \quad (5.16)$$

4)　$P^i(连续湿润) = P^i(pre_A \geqslant PRE_A^{97.7\%}, pre_B \geqslant PRE_B^{97.7\%})$

$$= 1 - F_A(PRE_A^{97.7\%}|\theta_A^i) - F_B(PRE_B^{97.7\%}|\theta_B^i)$$

$$+ F_{A,B}(PRE_A^{97.7\%}, PRE_B^{97.7\%}|\theta_c^i) \quad (5.17)$$

5.2.4　考虑多重风险因子的干湿复合事件风险估算

按照第 3 章中式（3.23）和式（3.24），逐年计算承灾体的暴露度（Exp）和脆弱性

（Vul）指数，最后将事件发生概率、暴露度和脆弱性累乘以计算风险值。所关心干湿复合事件在第 j 个像元（0.1°分辨率）第 i 年的风险表达见式（5.18）

$$Risk_j^i = P_j^i \times Exp_j^i \times Vul_j^i \qquad (5.18)$$

可见，本章强调的时变风险来源于公式中的三个风险因子：①当任一季节降水或相邻季节降水关系存在非一致性时，边缘分布或联合分布参数将具有时变特征，导致 5.2.3 节计算的干湿复合事件发生概率将在时间轴上动态变化；②构造的暴露度指数反映了承灾体人口和 GDP 的动态变化；③人口健康、受教育水平、基础设施完善程度和水资源压力的改善和调整，也使承灾体的脆弱性随时间变化。因此，为了分析干湿复合事件风险的动态变化，把时间作为自变量，拟合风险—时间的线性关系，将有助于揭示时变风险的演变规律：

$$Risk_j^i = a_j t + b_j \qquad (5.19)$$

式中：a_j 和 b_j 分别代表第 j 像元内，风险—时间线性关系的斜率和截距。当 $a_j > 0$ 时，表明风险有加剧趋势；当 $a_j < 0$，风险有减轻趋势。

5.3 1979—2018 年珠江流域干湿复合事件的空间分布

首先，统计近 40 年相邻季节干湿复合事件在珠江流域的发生次数。如 5.2.1 节所述，当季节尺度的降水观测值位于经验频率的 0～15.9 百分位数区间时，认为该季节处于干燥状态；位于 84.1～100 分位数区间时，识别为湿润状态。据此识别了相邻季节的不同干湿组合。

分析四类干湿复合事件（即由干转湿、由湿转干、持续干燥和持续湿润）发生的总次数，可以发现：近 40 年，相邻季节干湿复合事件在珠江流域平均出现 21.5 次；就分区而言，北江平均频次最高，为 27.3 次，随后是郁江（23.5 次）、西江中下游（22.7次）、珠江三角洲（22.4 次）、红柳江（20.2 次）、东江（20.0 次）和南北盘江（17.2次）。在 0.1°×0.1°空间尺度上，1979—2018 年间干湿复合事件的最高频次为 45，出现在西江中下游；最低 2 次，对应像元位于东江。由此可见，相邻季节干湿复合事件在珠江流域中部（北江、郁江、西江中下游和珠三角）频次更高，流域西部和东部边缘相对较少。

其次，分别考察了四种干湿复合事件的发生次数（见图 5-3）。结果表明：近 40 年来，由干转湿、由湿转干、持续干燥和持续湿润在珠江流域的平均发生次数分别是 4.5次、5.8 次、5.4 次和 5.7 次，说明相邻季节的持续湿润和由湿转干事件的频次更高，对比图 5-3（b）、图 5-3（d）和图 5-3（a）、图 5-3（c）更加直观地观察到这一现象。在 0.1°空间分辨率上，由干转湿的最高频次（11 次）出现在西江中下游；由湿转干的最大频次（13 次）在北江出现；连续干燥的最高频次为 11 次，更加广泛地发生在红柳江、西江中下游和北江；连续湿润最高发生 12 次，对应像元位于西江中下游和北江。结合图 5-3 展示的空间分布，揭示了相邻季节干湿复合事件常在北江中、南部和毗邻的西江中下游东南部发生，在郁江中、西部与其连片的红柳江中西部和南北盘江局部出现次数也相对较高。同时，四种复合事件频次的高值区呈现出十分相似的空间分布。

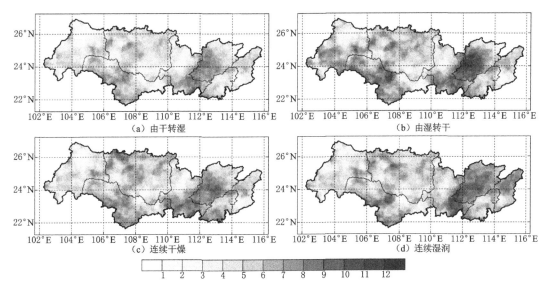

图 5-3　1979—2018 年间相邻季节干湿复合事件的发生频次

因此，过去 40 年间，相邻季节干湿复合事件在珠江流域中部出现次数更多，西部和东部边缘相对较少；并且在流域中东部（北江中、南部和毗邻的西江中下游东南部）和中西部（郁江中、西部与其连片的柳江中西部和南北盘江局部）形成两个连片的高频区，以中东部更为显著。从四种复合事件来看，持续湿润和由湿转干相对其他两种复合事件（即由干转湿和持续干燥）出现的次数更多。

5.4　相邻季节降水的边缘分布与联合分布

在 0.1°空间分辨率上，珠江流域共包含 4008 个像元，由于篇幅限制，难以逐一展示季节降水概率分布的拟合结果，因此随机选取一个像元进行分析。随机选取的像元对应空间范围 24.6°～24.7°N 和 105.5°～105.6°E。

5.4.1　边缘分布

在该像元内，检验春、夏、秋、冬季降水的单变量一致性（ADF 检验），可以发现：关于春季和秋季降水的一致性假设不成立；夏、冬两季降水仍保持了一致性。对于非一致的降水序列，假设其概率分布参数是关于时间的函数；一致性条件下，分布参数不随时间改变，为恒定值。采用 GAMLSS 模型求取了各备选分布的时变/恒定参数。首先，以 SBC 准则作为评判标准，8 种备选分布（包括 Exponential、Normal、Gumbel、Logistics、Lognormal、Gamma、Weibull 和 Generalized gamma 分布）对春季降水的拟合优度分别是 541.41、481.14、486.69、482.63、478.70、478.97、481.16 和 492.56；然后，选取 SBC 值最小的 Lognormal 分布作为春季降水的最优分布［图 5-4(b)］。采用同样的方法，可以在夏、秋和冬季对比八种备选分布对季节降水的拟合程度，最终确定的最佳分布依次是截断的 Normal（定义在正实数上）、Lognormal 和 Lognormal 分布。

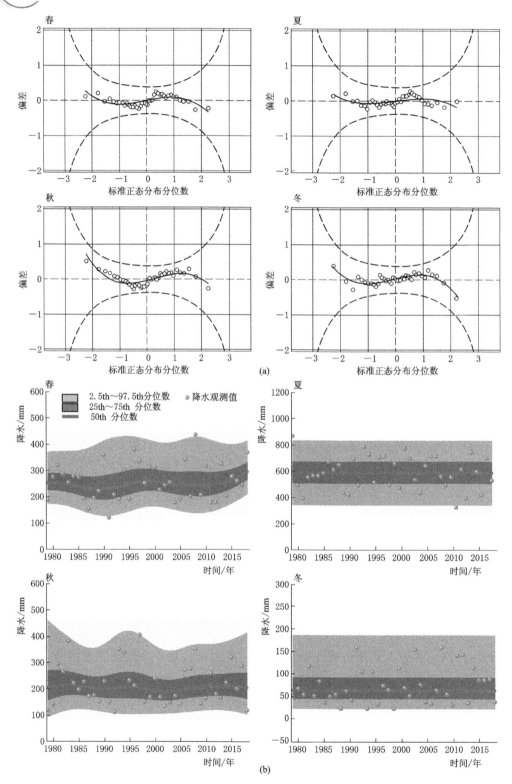

图 5 - 4　基于 Worm plot 的拟合优度检验与季节降水的时变/恒定参数概率分布

还可根据 GAMLSS 模型提供的 Worm plot 更加直观地判断备选分布的拟合优度。Worm plot 纵轴代表理论概率分布与经验分布的偏差。图 5-4(a) 表明，代表偏差的散点位于两条灰色线之间（95% 置信区间的上下界），并集中在表示零点的虚线周围，说明最优分布的拟合误差小，在允许范围内。对于其他季节降水的拟合结果，也有相同结论。

图 5-4(b) 对比了拟合的季节降水概率密度与降水实测值。由图可见，春、秋季降水存在非一致性，概率分布表现出时变特征；夏季和冬季降水的一致性假设成立，其概率分布保持恒定。同时，绝大多数降水观测值位于拟合分布的 95% 置信区间内，进一步说明了 GAMLSS 模型能够准确模拟一致性和非一致降水序列的概率分布。

5.4.2 联合分布

在随机挑选像元内，采用 CLR 方法检验相邻季节降水关系的一致性发现，春—夏和冬—春降水关系呈现非一致性；春—夏和夏—秋降水关系在过去 40 年保持不变，一致性成立。对于非一致的春—夏降水关系，引入时间为协变量，构建 Copula 参数与时间的函数关系，以反映春—夏降水联合分布的时变特征。

采用 IFM 方法估计时变 Copula 参数，以 BIC 为准则评价 Gaussian、Clayton、Gumbel、Frank 和 Joe 5 种备选 Copula 的拟合优度。其中 Gaussian Copula 的拟合优度最高，BIC 值为 -4.13。如图 5-5(a) 所示，时变 Gaussian Copula 参数与时间的函数关系是

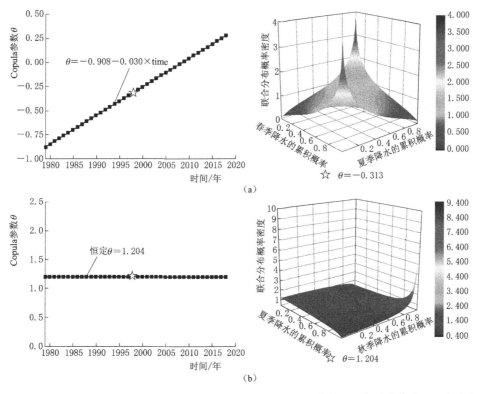

图 5-5（一）　随机选取像元内最优 Copula 函数的时变/恒定参数与相邻季节降水的联合分布

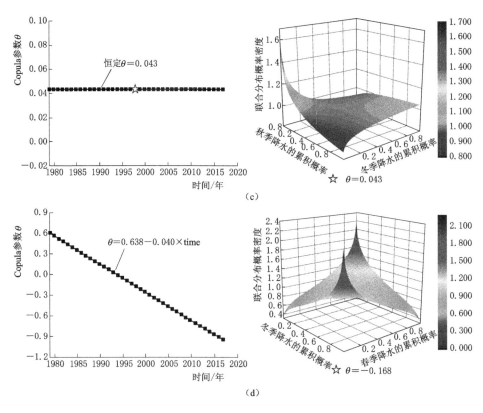

图 5 - 5（二）　随机选取像元内最优 Copula 函数的时变/恒定参数与相邻季节降水的联合分布

$\theta=0.908-0.030\text{time}$，并选取 1998 年展示了春—夏降水的联合分布概率密度。同样地，对夏—秋、秋—冬和冬—春季分别优选出 Joe、Clayton 和 Gaussian copula 构建相邻季节降水的联合分布，图 5 - 5(b)～(d) 也给出了 Copula 时变/恒定参数的估计值，同样在 1998 年示例了联合分布概率密度的形状。

5.5　相邻季节干湿复合事件的频率分析

按照 5.2.3 节公式（5.6）～公式（5.17），计算了中度以上、重度以上和极端情景下相邻季节干湿复合事件的发生概率。对应概率的空间分布如图 5 - 6～图 5 - 8 所示。

5.5.1　中度情景

累加由干转湿、由湿转干、持续干燥和持续湿润的发生概率，得到一年中发生干湿复合事件的总概率为 0.361；相当于中度以上的相邻季节干湿复合事件每 2～3 年就会在珠江流域出现一次。与 5.3 节统计的平均频次（即近 40 年干湿复合事件在珠江流域平均出现 21.5 次）基本一致，两相印证，证明了结果的可靠性。在 7 个分区中，珠三角在年内发生干湿复合事件的概率达到 0.402，其后是东江（0.389）、南北盘江（0.379）、西江中下游（0.360）、郁江（0.359）、北江（0.346）和红柳江（0.341）。

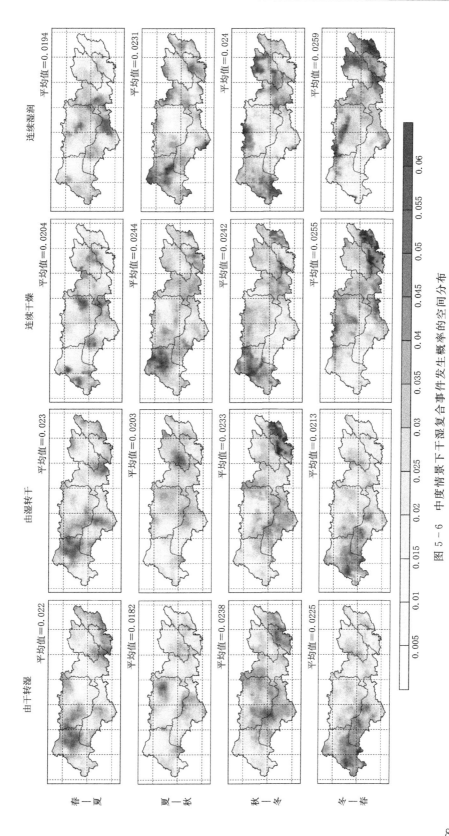

图 5 - 6 中度情景下干湿复合事件发生概率的空间分布

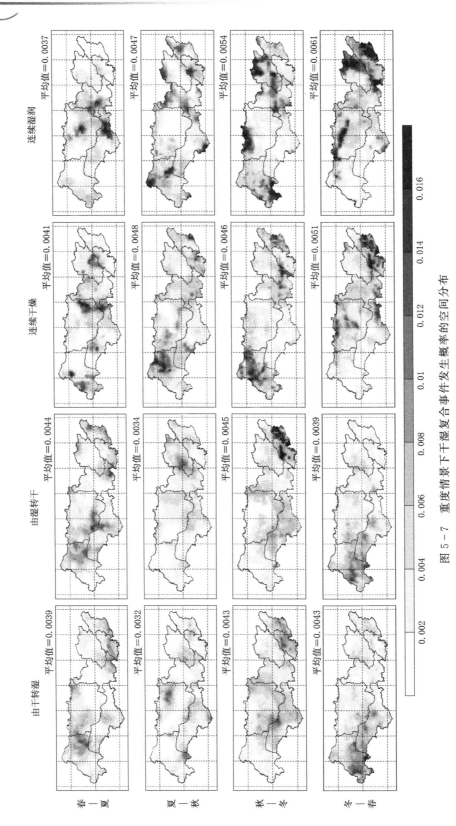

图 5 - 7　重度情景下干湿复合事件发生概率的空间分布

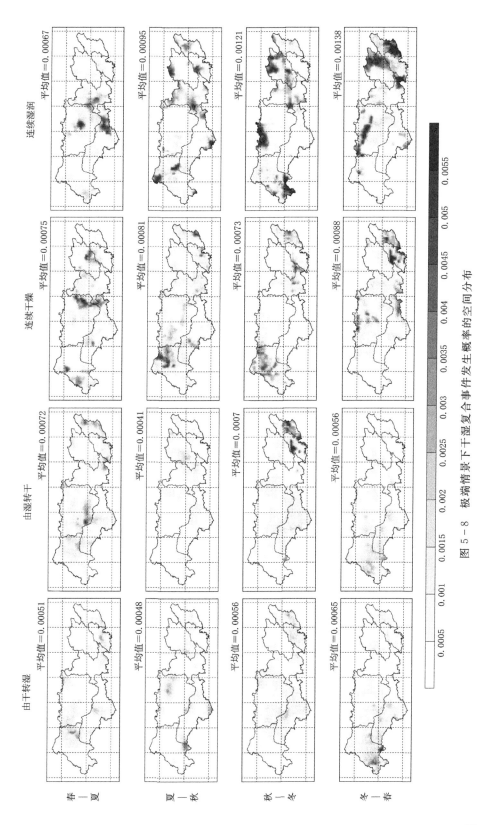

图5-8 极端情景下干湿复合事件发生概率的空间分布

对比不同类型干湿复合事件，相邻季节持续干燥在年内发生概率最大（0.0945），其次是持续偏湿（0.0924），由湿转干（0.0879）和由干转湿（0.0865）相对较低。连续干燥事件在年内的显著特征是，其概率在夏—秋季和秋—冬季超过其他干湿复合事件；高概率集中在南盘江北部（曲靖、六盘水和安顺一带）。近期的例证是，该概率高值区（曲靖和贵州南部）在 2009—2010 年发生了罕见的夏、秋、冬 3 个季连旱。冬—春之交时，连续干燥的概率高值区转移至珠江流域东南部的广东境内，这与该地区易发生冬—春连旱的事实相符。分析各分区情况，持续干燥在 5 个分区（南北盘江、红柳江、西江中下游、东江和珠三角）超过其他干湿复合事件，概率最高。因此，提醒决策者注意珠江流域的季节连旱事件。

从年内看，珠江流域在春—夏季出现由干转湿的概率最高（0.023）；夏—秋和秋—冬以连续干燥概率最大；在冬—春季，持续湿润状态最易发生（0.0259）。具体到各分区，概率最高（最易发生）的干湿复合事件在年内的演变过程又不尽相同：

在南北盘江，由干转湿（春—夏）——→连续湿润（夏—秋）——→连续干燥（秋—冬）——→由干转湿（冬—春）；

在红柳江，由湿转干（春—夏）——→由湿转干（夏—秋）——→由干转湿（秋—冬）——→连续干燥（冬—春）；

在郁江，连续湿润（春—夏）——→连续湿润（夏—秋）——→由干转湿（秋—冬）——→由干转湿（冬—春）；

在西江中下游，连续湿润（春—夏）——→连续干燥（夏—秋）——→连续湿润（秋—冬）——→连续湿润（冬—春）；

在北江，连续干燥（春—夏）——→由湿转干（夏—秋）——→连续湿润（秋—冬）——→连续湿润（冬—春）；

在东江，由干转湿（春—夏）——→连续湿润（夏—秋）——→由湿转干（秋—冬）——→连续湿润（冬—春）；

在珠三角，由干转湿（春—夏）——→连续干燥（夏—秋）——→由湿转干（秋—冬）——→连续干燥（冬—春）。

5.5.2 重度情景

累加由干转湿、由湿转干、持续干燥和持续湿润的发生概率，得到一年中发生干湿复合事件的总概率为 0.0705；相当于重度以上的相邻季节干湿复合事件每 14 年就会在珠江流域出现一次。在 7 个分区中，东江在年内发生干湿复合事件的概率升至最大，达到 0.0852，其后是珠三角（0.0840）、南北盘江（0.0752）、西江中下游（0.0688）、郁江（0.0678）、北江（0.0657）和红柳江（0.0651）。

进一步比较不同类型干湿复合事件，相邻季节持续湿润在年内发生的概率最大（0.0199），其次是持续偏干（0.0186），由湿转干（0.0162）和由干转湿（0.0157）相对较低。可见，与中度情景中持续干燥概率最大的发现相比，在重度情景下持续偏湿的状态更容易在珠江流域出现。

从年内看，珠江流域在春—夏季出现由干转湿的概率最高（0.00439）；夏—秋以连续干燥概率最大（0.00484）；在秋—冬（0.00541）和冬—春季（0.00611），持续湿润状态最易发生。具体到 7 个分区，概率最高（最易发生）的干湿复合事件在年内的演变过程各有不同：

在南北盘江，由干转湿（春—夏）——→连续湿润（夏—秋）——→连续干燥（秋—冬）——→由干转湿（冬—春）；

在红柳江，由湿转干（春—夏）——→连续干燥（夏—秋）——→由干转湿（秋—冬）——→连续湿润（冬—春）；

在郁江，连续湿润（春—夏）——→连续湿润（夏—秋）——→由干转湿（秋—冬）——→由干转湿（冬—春）；

在西江中下游，连续湿润（春—夏）——→连续湿润（夏—秋）——→连续湿润（秋—冬）——→连续湿润（冬—春）；

在北江，连续干燥（春—夏）——→由湿转干（夏—秋）——→连续湿润（秋—冬）——→连续湿润（冬—春）；

在东江，由湿转干（春—夏）——→连续湿润（夏—秋）——→由湿转干（秋—冬）——→连续湿润（冬—春）；

在珠三角，由干转湿（春—夏）——→连续干燥（夏—秋）——→由湿转干（秋—冬）——→连续干燥（冬—春）。

与中度情景结果相比，持续湿润作为最大概率的复合事件，出现次数明显增多。

5.5.3 极端情景

极端情景下，一年中发生干湿复合事件（包括由干转湿、由湿转干、持续干燥和持续湿润）的总概率为 0.0120；相当于相邻季节的极端干湿复合事件每 84 年在珠江流域出现一次。在 7 个分区中，东江在年内发生干湿复合事件的概率最大（0.0172），其后是珠三角（0.0150）、南北盘江（0.0127）、北江（0.0114）、西江中下游（0.0113）、红柳江（0.0109）和郁江（0.0107）。

比较不同类型干湿复合事件，相邻季节持续湿润在年内发生的概率最大（0.0421），其次是持续偏干（0.0317），由湿转干（0.0239）和由干转湿（0.0220）相对较低。可见，与中度情景中持续干燥概率最大的发现相比，在极端情景下持续偏湿的状态更容易在珠江流域出现。

从年内看，珠江流域在春—夏季出现连续干燥的概率最高（7.46×10^{-4}）；夏—秋（9.52×10^{-4}）、秋—冬（1.21×10^{-3}）和冬—春季（1.38×10^{-3}）均以连持续湿润状态的概率最大。具体到在 7 个分区，概率最高（最易发生）的干湿复合事件在年内的演变过程各有不同：

在南北盘江，连续干燥（春—夏）——→连续湿润（夏—秋）——→连续湿润（秋—冬）——→由干转湿（冬—春）；

在红柳江，由湿转干（春—夏）——→连续干燥（夏—秋）——→连续湿润（秋—冬）——→连续湿润（冬—春）；

在郁江，连续湿润（春—夏）——→连续湿润（夏—秋）——→由湿转干（秋—冬）——→由干转湿（冬—春）；

在西江中下游，连续湿润（春—夏）——→连续湿润（夏—秋）——→连续湿润（秋—冬）——→连续湿润（冬—春）；

在北江，连续干燥（春—夏）——→连续湿润（夏—秋）——→连续湿润（秋—冬）——→连续湿润（冬—春）；

在东江，由湿转干（春—夏）——→连续湿润（夏—秋）——→由湿转干（秋—冬）——→连续湿润（冬—春）；

在珠三角，由干转湿（春—夏）——→连续湿润（夏—秋）——→由湿转干（秋—冬）——→连续干燥（冬—春）。

总结三种情景下的概率分析结果，发现：中度及其以上的相邻季节干湿复合事件约每2~3年就在珠江流域出现，重度以上和极端的干湿复合事件重现期分别上升至14年和84年；在年内，持续湿润/干燥发生概率普遍高于相邻季节的干湿转换事件（包括由干转湿和由湿转干）；但在春—夏之交，由干转湿或由湿转干发生的概率更大，可能对处于关键生长期的农作物造成不良影响，不容忽视。

5.6　1979—2018年相邻季节干湿复合事件的平均风险

根据计算出的相邻季节干湿复合事件发生概率、承灾体暴露度和脆弱性，在"风险＝事件发生概率×暴露度×脆弱性"表达式下，分别评估了4种干湿复合事件的风险。需要说明的是，当季节降水或相邻季节降水关系的一致性假设无法成立时，其边缘分布和联合分布具有时变特征，导致由式（5.6）~式（5.17）计算的干湿复合事件发生概率也将成为依赖于时间的变量；暴露度和脆弱性作为两个重要的风险因子，其计算公式［式（3.23）和式（3.24）］也表明，由于考虑了人口、社会、经济和水资源供需关系等多种动态变化的因素，计算得到的承灾体暴露度和脆弱性也具有时变特点。因此，在本章提出的考虑非一致性和多重风险因子的评估框架下，针对各自然年计算的相邻季节干湿复合事件风险并非恒定，将随着时间动态变化。在本节，首先分析1979—2018年风险均值的空间分布。下节着重揭示复合事件风险的时空演变规律。

图5-9~图5-11展示了中度、重度和极端3种情景下，近40年相邻季节干湿复合事件风险均值的空间格局。

在中度情景下（图5-9）下，干湿复合事件风险在珠三角最大（0.1012），其次是南北盘江（0.0952）、西江中下游（0.0856）、东江（0.0816）、郁江（0.0790）、红柳江（0.0754）和北江（0.0706）。累加春—夏、夏—秋、秋—冬和冬—春季的由干转湿风险，得到珠江流域由干转湿的平均风险值0.0196；同样可以计算由湿转干、持续干燥和持续湿润在流域的平均风险为0.0199、0.0217和0.0212。可见，持续干燥/湿润的风险总体高于干湿互转事件（由干转湿和由湿转干两种），偏大8.61%。从不同相邻季节来看，春—夏、夏—秋、秋—冬、冬—春季的干湿复合事件风险分别是0.0194、0.0196、0.0217和0.0217，表明干湿复合事件风险具有一定的季节偏好，其中秋—冬和冬—春季的风险更大，比春—夏和夏—秋高11.28%。

观察不同复合事件的高风险区分布发现，持续湿润与持续干燥的高风险区分布基本一致；由干转湿和由湿转干高值风险的空间位置也大体相似。具体的，由干转湿和由湿转干两类干湿转换事件在冬—春和春—夏季的风险高值主要集中在流域西部的南北盘江，两种

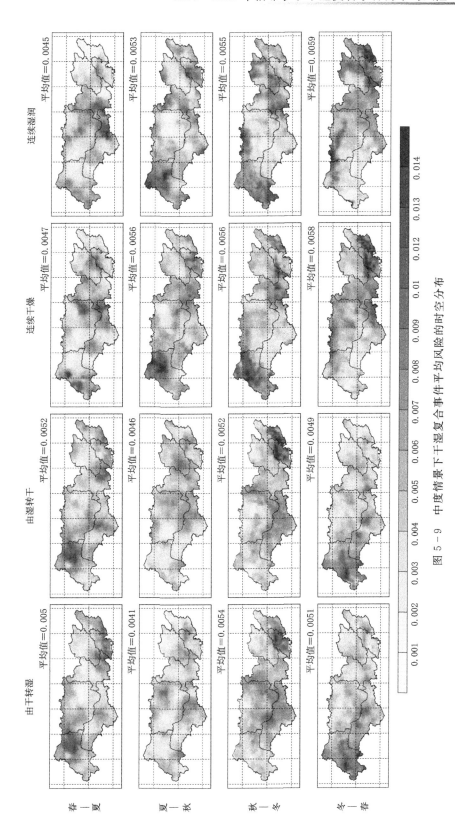

图 5 - 9　中度情景下干湿复合事件平均风险的时空分布

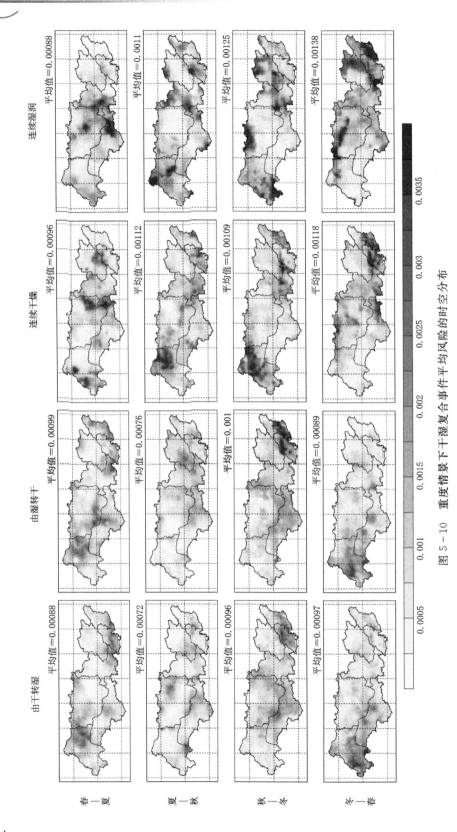

图 5 - 10　重度情景下干湿复合事件平均风险的时空分布

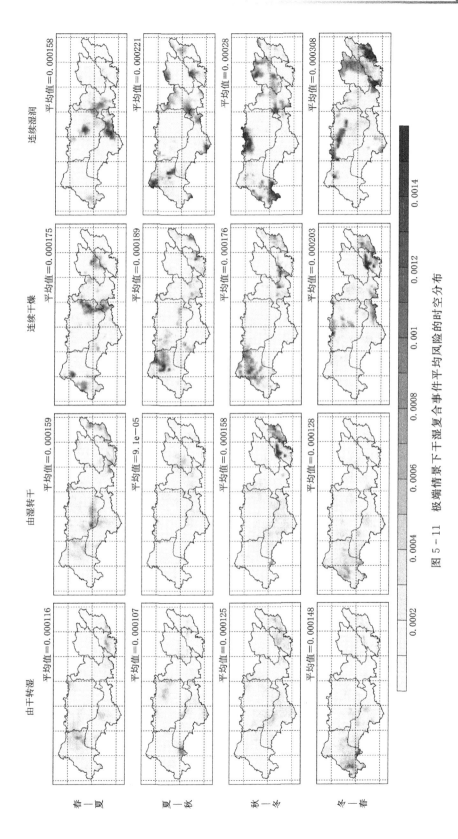

图 5 – 11 极端情景下干湿复合事件平均风险的时空分布

互转事件在南北盘江的风险比流域均值显著高出 41.85％；夏—秋和秋—冬两季，由干转湿和由湿转干的风险高值区转移至流域中东部（柳江东部、郁江东部、北江和三角洲）。有意思的是，连续干燥/湿润的风险高值区的分布与干湿互转事件几乎相反。在冬—春和春—夏，连干/湿事件风险在流域中东部较高；夏—秋和秋—冬季则在流域西部的南北盘江形成了高值区，该高值区风险比流域平均值高 45.45％。

图 5-10 显示了重度情景下，对相邻季节干湿复合事件的风险评估结果。分析发现，干湿复合事件风险在珠三角最大（0.0212），其次是南北盘江（0.0189）、东江（0.0179）、西江中下游（0.0164）、郁江（0.0179）、红柳江（0.0144）和北江（0.0134）。由干转湿、由湿转干、持续干燥和持续湿润在年内（包括春—夏、夏—秋、秋—冬和冬—春季）的累积风险分别是 0.00353、0.00364、0.00435 和 0.00461，仍表现出持续干燥/湿润风险总体高于干湿互转事件（由干转湿和由湿转干两种）的特点。同时，统计不同相邻季节的风险，结果表明：春—夏、夏—秋、秋—冬、冬—春季的干湿复合事件风险分别是 0.00371、0.00370、0.00430 和 0.00442，其中秋—冬和冬—春季的风险更大，相比春—夏和夏—秋高 17.68％，说明重度情景下干湿复合事件风险的季节偏好更加明显。中度情景与之类似，秋—冬和冬—春对应的风险比春—夏和夏—秋季高 11.28％。

进一步识别四种复合事件的高风险区，结果发现，在珠江流域，持续湿润与持续干燥高风险区的空间分布较为相似；由干转湿和由湿转干的中高风险区基本一致。具体的，由干转湿和由湿转干两类干湿转换事件在冬—春和春—夏季的风险高值主要集中在流域西部的南北盘江，南北盘江对应的风险比流域均值显著高出 56.32％；夏—秋和冬—春两季，由干转湿和由湿转干的风险高值区转移至流域中东部（柳江东部、郁江东部、北江和三角洲）。连续干燥/湿润的高值风险分布仍然与干湿互转事件几乎相反，同中度情景下的结果相似。冬—春和春—夏季，连干/湿事件风险在流域中东部稍高；夏—秋和秋—冬季容易流域西部的南北盘江形成高值区，对应风险比流域平均值高 59.67％。

在极端情景下，相邻季节干湿互转风险的季节偏好和空间分布特征与中度和重度情景的分析结果一致，不再赘述。

总结 1979—2018 年间相邻季节干湿复合事件风险的时空分布特征，中度、重度和极端情景下的分析结果一致表明：

（1）持续干燥/湿润的风险总体高于互转事件（由干转湿和由湿转干两种）；

（2）在珠三角和南北盘江，干湿复合事件风险明显高于其他分区；

（3）干湿复合事件风险呈现季节偏好性，其中秋—冬和冬—春季的风险高于春—夏和夏—秋季；

（4）由干转湿和由湿转干的中高风险区分布基本一致，而持续湿润与持续干燥的高风险分布更加接近。在同一相邻季节中，干湿转换事件与连湿/连干事件风险的空间格局往往相反。

5.7　近 40 年干湿复合事件风险的时空演变规律分析

5.7.1　干湿复合事件风险的代际变化

限于篇幅，仅以中度情景为例，分析过去 40 年干湿复合事件风险的代际变化。

1979—1988 年、1989—1998 年、1999—2008 年和 2009—2018 年，相邻季节干湿复合事件在珠江流域的风险分别是 0.0893、0.1037、0.0730、0.0543。总体呈先增后减的态势，以 1989—1998 年的风险最大，并可发现该时期风险增量较大的区域集中在流域中部。就各分区而言，1979—1988 年，干湿复合事件在珠三角风险最大（0.1118），随后是西江中下游（0.1073）和南北盘江（0.0996）；1989—1998 年，珠三角（0.1269）和西江中下游（0.1146）的风险分别位居第一和第二，其次仍然是南北盘江（0.0996）；到 1999—2008 年，南北盘江风险升至最大（0.0875），珠三角处于第二位；2009—2018 年，干湿复合事件风险在南北盘江依旧最大（0.0812），其次是珠三角（0.0543）。由此可见，过去 40 年，相邻季节干湿复合事件风险有向流域西北部（主要是南北盘江）传播的特点。由图 5 - 12 也观察到，1989—2008 年风险高值区主要集中在流域中东部；到了 2009—2018 年，南北盘江的高风险区则更加显著，印证了风险向流域西北部集中的发现。

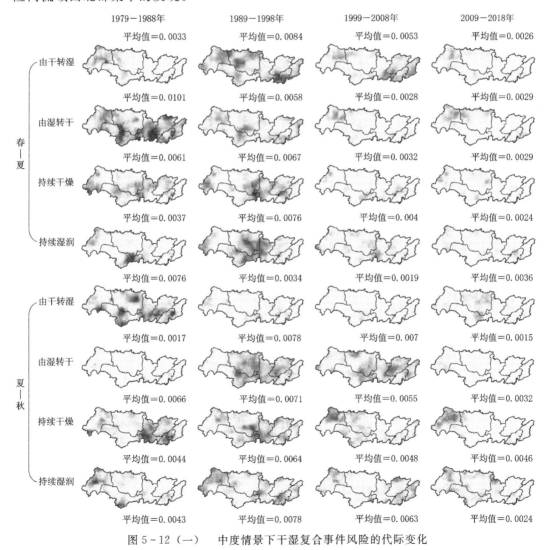

图 5 - 12（一）　中度情景下干湿复合事件风险的代际变化

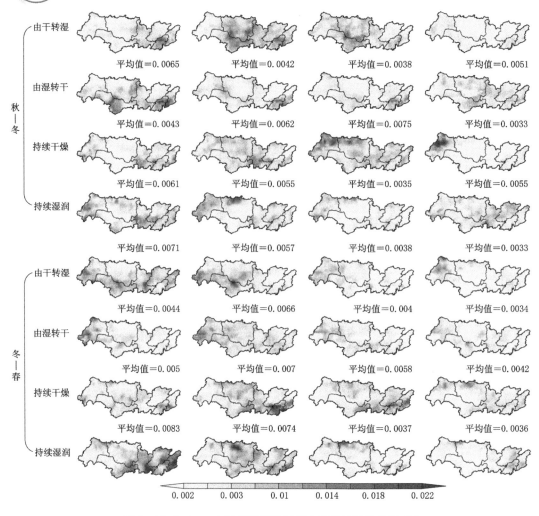

图 5-12（二）　中度情景下干湿复合事件风险的代际变化

就四种干湿复合事件而言，1979—1988 年，由干转湿在年内的累积风险最大（0.0227），持续湿润（0.0225）、由干转湿（0.0223）和持续干燥（0.0220）依次分列其后；1989—1998 年，持续干燥（0.0270）和持续湿润（0.0269）风险超过由干转湿（0.0254）和由湿转干（0.0244）代表的互转事件；1999—2008 年，连续干燥在年内的累积风险最大（0.0220），随后是由湿转干（0.0176）、由干转湿（0.0173）和持续湿润（0.0160）；进入最近 10 年（2009—2018 年），排名前两位的风险事件是持续湿润（0.0161）和持续干燥（0.0136），由湿转干（0.0129）和由干转湿（0.0119）风险相对较小。因此，代际风险变化分析表明：持续湿润/干燥风险总体大于干湿转换事件；互转事件中，常以由湿转干风险稍大于由干转湿。上述结果与 5.6 节中从 1979—2018 年平均风险出发得到的结论一致。

5.7.2　干湿复合事件风险的年均变化量

图 5-13～图 5-15 展示了近 40 年相邻季节干湿复合事件风险的年均变化量。

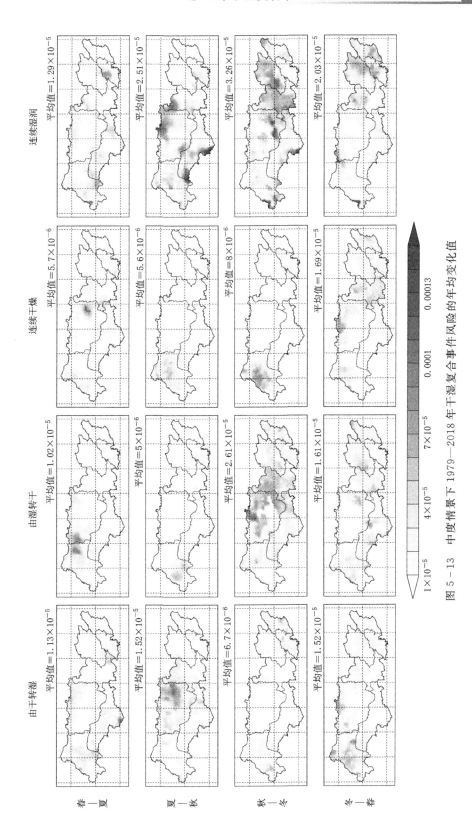

图 5－13 中度情景下 1979—2018 年干湿复合事件风险的年均变化值

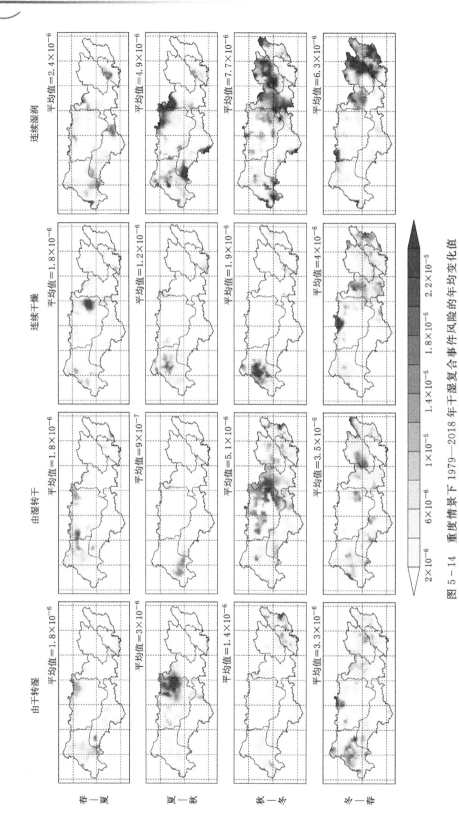

图 5 - 14   重度情景下 1979—2018 年干湿复合事件风险的年均变化值

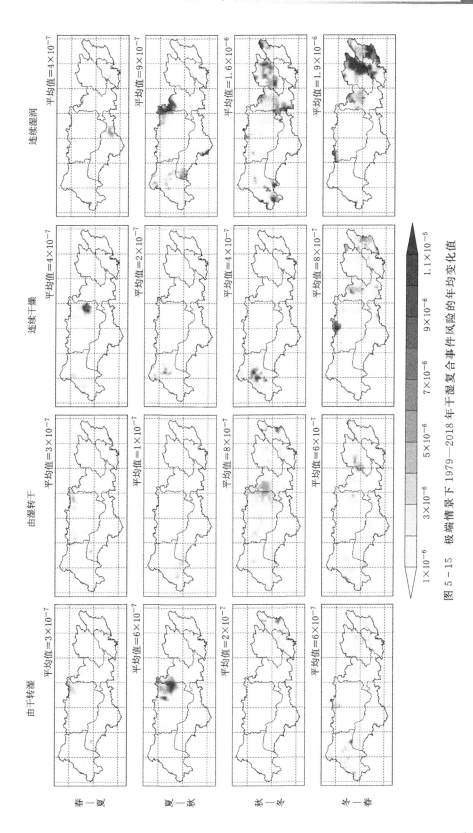

图 5-15　极端情景下 1979—2018 年干湿复合事件风险的年均变化值

在中度情景下（图 5 - 13），珠江流域干湿复合事件风险的年均增量是 2.36×10^{-4}，以流域多年平均风险（0.0824）作基准，年均增幅为 0.286%。表明干湿复合事件风险在珠江流域呈微弱增大态势。在 4 种复合事件中，持续湿润风险的年均增量明显最大（9.09×10^{-5}），随后是由湿转干（5.74×10^{-5}）、由干转湿（4.84×10^{-5}）和持续干燥（3.93×10^{-5}）。计算出珠江流域 7 分区（南北盘江、红柳江、郁江、西江中下游、北江、东江和珠三角）内复合事件风险的年均增量分别为 3.06×10^{-4}、1.96×10^{-4}、1.90×10^{-4}、3.44×10^{-4}、3.43×10^{-4}、4.10×10^{-4} 和 3.12×10^{-4}。结果表明，相邻季节干湿复合事件风险在流域东部和西北部增幅更大。在年内，春—夏、夏—秋、秋—冬和冬—春季的风险年均增量是 4.31×10^{-5}、5.09×10^{-5}、7.35×10^{-5} 和 6.85×10^{-5}，表明在秋—冬和冬—春季，风险增速更快。

重度和极端情景下，干湿复合事件风险变化量的空间分布和季节特征与中度情景的分析结果相同，不再赘述。

5.8 小　　结

升温背景下，干旱、洪水等极端气象水文事件的频次和强度在全球多个区域明显增加。洪旱灾害在短期内频发导致了复合事件，往往给社会经济系统造成严重不利影响。因此，本章评估了相邻季节干湿复合事件（包括由干转湿、由湿转干、持续干燥和持续湿润）的时变风险。首先，考虑非一致性，计算了干湿复合事件频率。然后，融合干湿复合事件发生概率、承灾体暴露度和脆弱性三大风险因子，评估了复合事件的风险，并绘制风险图。最后，分析了风险的代际变化和年均变化量，揭示了干湿复合事件风险的时空演变规律。主要结果总结如下：

（1）1979—2018 年，相邻季节干湿复合事件在珠江流域平均出现 21.5 次，中度、重度和极端情景下干湿复合事件的重现期分别是 2.8 年、14.2 年和 83.3 年。

（2）持续干燥/湿润的风险总体高于互转事件（由干转湿和由湿转干）。同时识别出风险的时空分布特征：珠三角和南北盘江的干湿复合事件风险明显高于其他分区；干湿复合事件风险具有季节偏好性，秋—冬和冬—春季的风险高于春—夏和夏—秋季。

（3）近 40 年，干湿复合事件风险在珠江流域年均增长 0.286%，呈微弱增大态势，以持续湿润增幅最为明显，随后是由湿转干。空间上，复合事件风险在流域东部和西北部增幅更大，高风险区有向流域西北部的南北盘江聚集趋势；在年内，秋—冬和冬—春季风险增速更快。

第6章 干旱胁迫下生态系统风险评估

6.1 概 述

有别于第3~5章以人类社会（人工系统）为承灾体的风险分析，本章考虑珠江流域水旱灾的另一重要承灾对象——生态系统，评估受干旱胁迫的生态风险。

生态系统为人类生存和发展提供了重要物质基础，其健康状况与人类福祉密切相关。频繁且严重的干旱通过抑制植被的各项生理过程（光合作用、呼吸作用、蒸腾作用和碳、氮、磷等营养素的利用）可以对生态系统健康和服务功能（如提供营养食物和清洁水源，抑制疾病和调节气候，支持作物授粉和土壤形成，创造娱乐、文化和精神价值）产生消极影响。受到干旱胁迫，功能退化的生态系统还会引发一连串的陆气响应，包括土地退化、水土流失、地下水位降低、大气二氧化碳浓度上升等。因此，有必要专门将生态系统作为承灾体，评估干旱影响下的生态风险，以便更有针对性地开展灾害准备和防御工作。21世纪以来，气候变暖和大气环流异常导致珠江旱情不断。特别是2003年以来珠江几乎年年出现干旱：2003年的伏秋连旱；2004年发生1951年以来最严重的秋旱；2005年秋季至2006年冬季，流域大部地区持续少雨，一度出现了较严重的秋冬连旱；2007年珠江依然饱受干旱之苦；2009—2010年西南冬春连旱；2011年在流域西部发生夏秋连旱。所以，在珠江流域开展干旱胁迫下的生态风险评估具有现实紧迫性。

IPCC强调了"风险＝灾害发生概率×承灾体暴露度×脆弱性"。考虑3.5节已经给出干旱频率分析结果，生态系统的暴露度也可以用植被覆盖率大小来表征。因而，生态风险评估的难点转化为如何量化干旱胁迫下植被的脆弱性。以往研究多采用相关分析方法评估生态系统的脆弱性。当降水变化与植被状态相关性大时，认为受干旱影响的生态系统脆弱性高；相关性小，脆弱性则较低。采用相关系数量化研究对象脆弱性的不足在于：相关系数实际上反映了植被对降水变化（既有降水不足，还包括湿润状态）的综合依赖程度；无法评估特定干旱情景下植被的脆弱程度，而这是决策者和种植业者的重要关切。

为此，本章提出了干旱胁迫下（重点研究气象干旱的胁迫作用）植被脆弱性的概率评估框架，通过计算干旱影响下的植被损失概率，直观地量化生态系统脆弱性。其显著优势在于，可以在任意给定旱情（往往是受到关注的干旱预报信息）下，评估干旱对生态系统的不利影响，识别生态脆弱区的空间范围。基于此，结合干旱频率分析成果和生态系统的暴露程度，估算受干旱胁迫的生态系统风险，并分析其在1982—2018年的演变特征。

6.2　研　究　方　法

本章提出干旱胁迫下生态系统风险评估模型，如图6-1所示。三大组成部分包括干旱频率分析、生态系统暴露度和受干旱胁迫的植被脆弱性评估。鉴于第3章已经给出了干旱频率分析方法和相关成果，本章的难点在于如何量化干旱影响下的植被脆弱性。风险评估的主要步骤如下：

（1）干旱频率分析：干旱是多属性事件，仅从一个属性出发难以准确、完整地描述干旱全貌。因此，频率分析综合考虑干旱事件的历时和烈度属性，并兼顾单变量属性的潜在非一致性和两变量关系的非一致性。对应的考虑二元非一致性的干旱两变量频率分析方法见3.2.3～3.2.4，评估结果在3.5中展示。

（2）生态系统暴露度指数：NDVI指数能够量化植被光合作用强度，是国内外广泛使用的植被遥感指数。大体地，认为NDVI指数高的像元内光合作用强度大，植被覆盖率高，则干旱发生时生态系统的暴露度也大；反之，NDVI指数小的像元，对应了较低的暴露度。因此，本章采用NDVI指数表征生态系统对干旱灾害的暴露程度。

（3）干旱胁迫下植被脆弱性的概率表征：这是本章的难点和重点研究内容。在图6-1中，使用大篇幅图解了干旱胁迫下植被脆弱性的评估步骤：首先，采用SPI和NDVI指数分别指示降水盈亏和植被状态变化；其次，通过Pearson相关分析，识别植被对干旱（降水亏缺）的滞后响应时间；再次，模拟植被状态与干旱的相依关系；最后，推导条件概率公式，计算给定旱情引发不同程度植被损失的概率值，并以损失概率大小直观地量化植被的脆弱性。同等旱情下，植被损失概率大，说明像元内植被脆弱性高；损失概率小，表明植被不易受到干旱的不利影响，脆弱性低。

本章的方法部分，也将主要围绕干旱胁迫下植被脆弱性的概率评估框架展开。

6.2.1　降水盈亏与植被状态的定量表征

在本章，采用SPI和NDVI指数分别表征降水的盈亏变化和植被健康状态。

1. 标准化降水指数（SPI）

近20年来，受到不同类型（气象、农业、水文和社会经济）干旱评估需求的牵引，新型指数的开发一直是干旱研究的热点话题。在众多干旱指标中，由McKee等提出的SPI指数是世界气象组织推荐的基准指数，在旱情监测与影响评价中得到广泛应用。SPI指数直观地测度了降水观测值偏离长期记录均值的程度。从统计学角度来看，SPI是基于概率的指标，当其值为负且愈小时，表示更加严重但出现几率越小的干旱。

SPI的计算过程实质上是对降水概率进行标准化处理，通常需要至少30年的历史观测序列。首先，将日降水观测值累积到给定的时间尺度（例如，1个月、2个月或3个月尺度）。随后，采用两参数的Gamma分布单独拟合各月的降水合成序列。最后，通过等概率转换，将降水合成序列转换为标准正态变量（均值为0，标准差为1），即SPI指数。在本章中，借助R统计软件中的SPEI package，计算了1～24个月尺度的SPI序列。

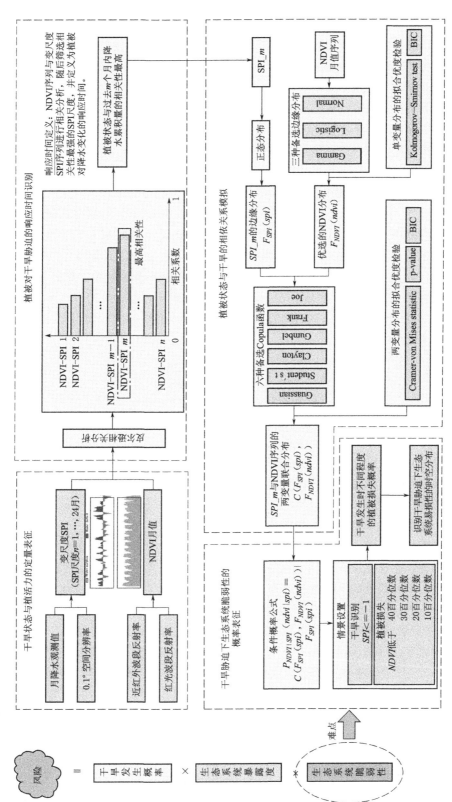

图 6-1 干旱胁迫下生态系统风险评估模型

使用 SPI 的主要优势在于，数据要求低（仅需要降水观测值）、计算简单、灵活地具有多尺度特征、可以在较大的时空范围内统一对比等。同时，SPI 还提供了一组阈值用于区分不同程度旱情。SPI 指数在珠江流域的适用性已经在诸多文献中得到证实。

2. 标准化植被差异指数（NDVI）

在众多植被指数中，遥感反演的标准化植被差异指数（NDVI）被认为能够可靠反映植被生长状况，适用于评估气候极值对生态系统健康的不利影响。该指数量化了绿色植物的光合作用强度，同时与其他常用的植被指数（如植被生物量、叶面积指数和净初级生产力）保持了较高相关性。

从生物物理过程来看，NDVI 能够表征植被健康状态的原因在于：当太阳光到达地球表面时，绿色植物对红光（亦称可见光）和近红外波段太阳辐射的吸收和反射特性不同。正常状态下，植物的绿色叶片将吸收大部分红光辐射用于光合作用，近红外波段辐射则被反射再次进入太空。而当干旱发生时，由于缺乏足够水分，植被的生理过程遭到抑制，光合作用强度减弱，导致红光波段辐射吸收量减少，反射量增加。因此，可以对比高空辐射计（通常搭载在卫星上）接收到的地面反射的红光和近红外光，来监测植被的光合强度变化。NDVI 的数学表达式为，近红外波段和可见光波段反射率的差值与两者之和的比率：

$$NDVI = \frac{\rho_{nir} - \rho_{red}}{\rho_{nir} + \rho_{red}} \qquad (6.1)$$

式中：ρ_{nir} 和 ρ_{red} 分别代表近红外和红光波段的反射率。

由表达式可知，$NDVI$ 指数理论上可以在 $-1 \sim 1$ 区间内变化。然而事实证明，当 $NDVI$ 小于 0.1 时，即代表相关区域为裸露地面，缺乏绿色植物覆被。与地面观测相比，NDVI 作为卫星遥感产品，具有全球覆盖和高时空分辨率的优势。其限制因素主要包括：①在植被生物量达到最大之前，NDVI 即已饱和；②数据质量受到晴空天数影响；③有限的时间跨度（从 1981 年 6 月至今）。

6.2.2　植被对干旱的滞后响应时间识别

众所周知，生态系统对前期降水亏缺具有一定抵抗力，表现为植被对干旱滞后的响应过程。因而，在研究中利用 SPI 的多尺度特征，首先计算 $1 \sim 24$ 个月尺度的 SPI 序列。如上节所述，多月尺度的 SPI 指数代表对过去数月内降水累积量的标准化处理结果。随后，将 37 年时间跨度（1982—2018 年）的 NDVI 序列与多尺度的 SPI 序列依次进行相关分析（如图 6.1 所示），以筛选出植被对将降水盈亏变化的响应时间。同时，有鉴于不同物候期植被对降水变化的响应存在较大差异（如生长季植被需水量大，可能高度依赖水分盈亏变化；而在非生长季，植被—降水相关性则有所降低），有必要针对年内各月分别考察植被与对降水变化的依赖程度，确定植被的滞后响应时间。其中，对年内的第 i 月，NDVI 月值序列与变尺度（$1 \sim 24$ 个月尺度）SPI 序列的相关系数表达如下：

$$R_j^i = corr(NDVI^i, SPI_j^i) \quad i = 1, 2, \cdots, 12, \ 1 \leqslant j \leqslant 24 \qquad (6.2)$$

式中：R 代表 Pearson 相关系；i 和 j 分别表示月份序号和 SPI 指数的不同时间尺度（前期降水的累计时长）。

最终，如式（6.3），筛选能够最大化 SPI - NDVI 相关性的 SPI 尺度，将其定义为第

i 月中植被对干旱的滞后响应时间（Vegetation response time，VRT）：

$$VRT^i = \arg \max_{1 \leqslant j \leqslant 24} \{R_j^i\} \tag{6.3}$$

利用 SPI 指数的变尺度特征捕捉植被响应时间，有助于辨识植被状态对降水振荡的依赖程度，以及植被的滞后响应模式。

6.2.3　植被状态与干旱相依关系的模拟

已知植被状态对干旱的响应时间后（例如 x 个月尺度的 SPI 与 NDVI 序列相关性最高），进一步通过概率方式量化干旱胁迫下的植被脆弱性。脆弱性的评估主要依靠 Copula 函数和条件概率公式。首先，利用 Copula 函数构造 NDVI 和 SPI$_x$ 序列的联合分布，模拟植被健康与降水亏缺的相依关系。随后，在给定干旱情景下，计算植被损失的条件概率。当损失概率较大，直观地表明了干旱发生时较高的植被脆弱性，反之亦然。

本小节简要介绍采用 Copula 函数推导 NDVI - SPI 联合分布的步骤。Copula 函数最早由 Sklar 提出，其最大优势在于灵活地连接服从任意边缘分布的随机变量，得到多变量的联合分布。由于简便、易操作等特征，Copula 函数已普遍应用于干旱评估和生态学研究。在本研究中，主要采用二维 Copula 函数，用于构建植被状态（由 NDVI 量化）与降水亏损信息（由 SPI 指数表征）的联合分布。当植被响应前期 x 个月累积降水变化时，对应的联合分布表示如下：

$$
\begin{aligned}
F_{SPI_x, NDVI}(spi, ndvi) &= P(SPI_x < spi, NDVI < ndvi) \\
&= C(F_{SPI_x}(spi), F_{NDVI}(ndvi))
\end{aligned} \tag{6.4}
$$

式中：$C(\ )$ 是 Copula 函数；$F_1(spi)$ 和 $F_2(ndvi)$ 分别是 SPI$_x$ 和 NDVI 序列的边缘分布。应说明，$F_{SPI, NDVI}(spi, ndvi)$ 直接连接了随机变量（即 SPI 和 NDVI），Copula 函数则使用随机变量的累积概率作为自变量，因而其自变量均定义在 $[0, 1]$ 上。

在具体实践中，Copula 函数有利地将联合分布模拟分解为单变量边缘分布的拟合与两变量相依结构的描述。设置 Normal、Gumbel 和 Logistic 3 种备选分布拟合 NDVI 月值序列，3 种备选分布均定义在 $(-\infty, +\infty)$ 上，更加广泛地包含了 NDVI 的取值范围；并通过 KS 检验（Kolmogorov - Smirnov test）和 BIC 准则筛选最优分布。在上节已经提及，SPI 指数是标准化处理后正态变量，因而直接采用 Normal 分布加以拟合。采用 Copula 函数模拟 NDVI - SPI 序列的相依结构。选用来自阿基米德家族（Frank、Clayton、Gumbel 和 Joe）和椭圆家族（Gaussian 和 Student's t）共 6 种 Copula 函数作为备选。Copula 参数由极大似然法估计得到。不同类型 Copula 函数对 NDVI - SPI 相依关系的拟合优度根据 BIC 准则和 Rosenblatt 转换方法综合评价。

6.2.4　概率视角下植被脆弱性评估

在图 6 - 1 提出的评估框架中，最终得到一系列干旱状态下植被损失的条件概率，据此评估遭受干旱胁迫的生态系统脆弱性。植被损失概率大意味着较高脆弱性，对应的生态系统随之被归类为干旱易损类型。

基于 6.2.3 得到的 NDVI - SPI 联合分布与条件概率公式，推导出给定干旱情景下植被状态低于长期观测序列指定分位数（例如第 40、30、20 和 10 百分位）的概率表达式［如式（6.5）］。在该表达式中，SPI 指数在连续区间取值，表明所研究的是植被状态对一类干旱的综合响应。在本研究中，对式中 NDVI 依次赋值 40、30、20 和 10 分位数，有利于对比所关注的旱情引发不同程度植被损失的概率，得到更加可靠的脆弱性评估结果。

$$P(NDVI < ndvi \mid SPI \leqslant -1) = \frac{P(SPI \leqslant -1, NDVI < ndvi)}{P(SPI \leqslant -1)}$$

$$= \frac{F_{SPI_x, NDVI}(-1, ndvi)}{F_{SPI_x}(-1)} \tag{6.5}$$

从更加实用的角度来讲，对于即将发生的干旱，预报员可能提供更加详细的预报信息。此时，种植业者、生态学家等各方利益攸关者迫切知晓干旱指数（例如 $SPI = spi_0$）取特定预报值时的植被损失概率，对应的表达式变为 $P(NDVI < ndvi \mid SPI = spi_0)$。根据贝叶斯网络（Bayesian network），可以推断其概率密度函数为：

$$f_{NDVI \mid SPI_x}(ndvi \mid spi_0) = c[f_{SPI_x}(spi_0), f_{NDVI}(ndvi)] f_{NDVI}(ndvi) \tag{6.6}$$

式中：$c(u, v) = \partial C(u, v)/\partial u \partial v$ 是 Copula 函数的全导数；$f_{SPI_x}(spi_0)$ 和 $f_{NDVI}(ndvi)$ 分别是 SPI 和 NDVI 指数的概率密度函数。

进而，可以对 $f_{NDVI/SPI_x}(ndvi \mid spi_0)$ 在 $NDVI < ndvi_0$ 上积分，计算特定干旱事件下植被活力低于阈值的累积概率。

6.2.5　干旱胁迫下生态风险估算

最后，将生态系统作为承灾体，累乘干旱发生概率、生态系统的暴露度和脆弱性，估算干旱胁迫下的生态风险如下：

$$Risk_j^i(ecosystem) = P_j^i Exp_j^i Vul_j^i \tag{6.7}$$

式中：i 和 j 分别为年份和所在像元的序号。

受干旱影响，生态系统的暴露程度用 NDVI 的年均值表征。与前几章类似，为了揭示生态风险的时空演变规律，还将时间作为自变量，拟合生态风险—时间的线性关系。斜率为正时，表明风险加剧；斜率为负，生态风险得到缓解。

6.3　植被活力与降水变化的相依关系分析

为了研究降水盈亏变化能够在多大程度上影响植被生长状态，首先计算 NDVI 月值序列与变尺度（1～24 个月尺度）SPI 序列的 Pearson 相关系数。SPI-NDVI 相关系数的绝对值趋近于 1，说明降水对植被活力影响显著；相关系数绝对值接近零，则表明影响微弱。同时，按照 6.2.3 的定义，还将能够得到 SPI-NDVI 最大相关系数的 SPI 指数尺度识别为植被对降水变化的滞后响应时间。图 6-2 在 $0.1° \times 0.1°$ 空间分辨率上展示了 SPI-NDVI 最大相关系数在年内各月的空间分布。统计分析表明：

（1）年内各月 SPI-NDVI 最大相关系数为正的像元依次有 3927、3758、3933、3659、3122、2924、3302、3615、3600、3963、3919 和 4002 个；分别占珠江流域总像元数（总数为 4019 个）的 97.7%、93.5%、97.9%、91.0%、77.7%、72.8%、82.2%、89.9%、89.6%、98.6%、97.5% 和 99.6%。因此，在珠江流域，NDVI 与 SPI 指数主要呈正相关关系，说明水分亏缺将抑制植被活力，对流域大部的生态系统健康产生不利影响。

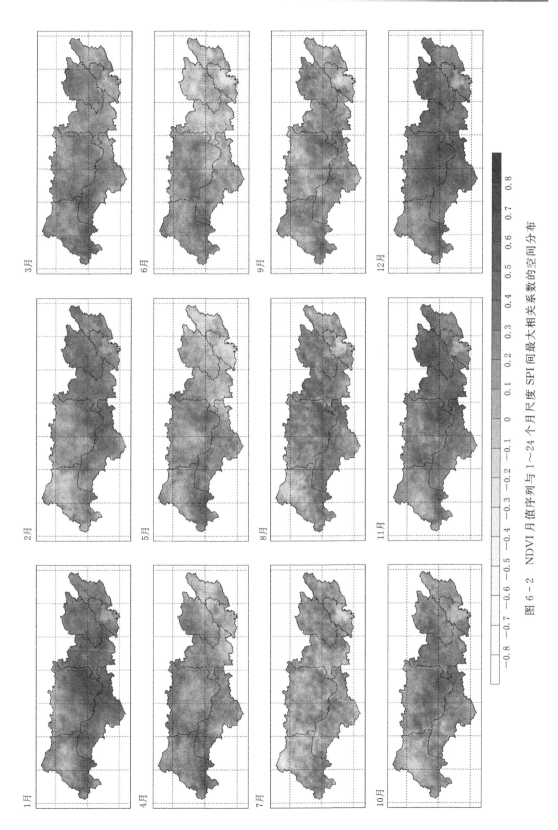

图 6 - 2　NDVI 月值序列与 1~24 个月尺度 SPI 间最大相关系数的空间分布

（2）在年内，SPI 与 NDVI 相关关系不断演变，季节特征明显。在各像元内，SPI - NDVI 相关性在春季的 3—5 月不断减小；至夏季初期的 6 月降至年内最低水平，在 7—8 月，呈微弱增大态势；在秋季各月（9—11 月），相关性继续增大；到初冬的 12 月份，达到年内最高值，随后的 1—2 月又有所降低。总体来讲，植被状态与降水变化的相关性在冬季最高，随后分别是秋季、春季和夏季；冬季 NDVI - SPI 相关性的流域均值比上述 3 个季节分别高 38.7％、51.1％和 26.7％。另外，冬季各月 NDVI 序列与 SPI 呈显著相关性（p value≤0.1）的像元共有 2560 个，占珠江流域总像元数的 63.7％；分别比春、夏和秋季高 32.2％、37.7％和 23.7％。因此，冬季 NDVI 与 SPI 指数具有更高且更加显著的相关性，说明冬季植被状态更高程度地依赖降水变化，夏季植被的依赖性则最低。研究表明，珠江流域降水量年内分配不均匀，4—9 月降水量约占全年降水量的 70％～85％。夏季降水充沛，即使发生低于均值的降水亏损，有效降水量也将保持正值，能够维持植被正常生理活动所需水量，最终导致植被生长对降水的依赖程度较低；在秋、冬、春季降水明显较少，因而容易成为植被健康的重要决定因素，表现为更高的 NDVI - SPI 相关性。

（3）在空间上，NDVI - SPI 相关性的分异特征十分明显。就 7 个子流域而言：

1）春季植被与降水的相关性在南北盘江最高，随后依次是郁江——红柳江——北江——西江中下游——珠三角，东江最小；

2）进入夏季，郁江的植被与降水相关性最高，而后是红柳江——北江——南北盘江——西江中下游——东江—珠三角；

3）在秋季，NDVI - SPI 相关性大小的排序为：北江——西江中下游——郁江——红柳江——南北盘江——东江——珠三角；

4）冬季降水—植被相关性由大到小的分区顺序是：郁江——西江中下游——北江——红柳江——东江——珠三角——南北盘江。

综上所述，流域中部（郁江、红柳江、北江和西江中下游）植被与降水呈现更加紧密的相关性；同时相关性较高的区域容易集中在南北盘江的南部边缘、郁江东部和红柳江东南部的连片区域以及北江的北部边缘。

以上相关分析强调了在研究植被状态与降水的相依关系时，应当充分考虑其显著的季节性差异。另外，在夏季，流域东部和西部边缘区域的植被呈现出与降水的负相关关系。有必要对该现象专门解释：夏季充沛的降水虽然为植被的生长提供了充足水分，但同时由于云层遮挡，减少了到达地面的太阳辐射，因而抑制了绿色植物的光合作用，降低了植被活力。该推断也反映了植被生长受到多重因素（如土壤含水量、太阳辐射、气温、灌溉与施肥等人类活动）综合影响的现实。某个独立因素的改变可能导致与之关联因素的变化，随后在多个因素共同作用下将对植被的生理过程造成复杂影响。

6.4　植被对降水变化的滞后响应时间分析

类似地，图 6-3 展示了植被对降水响应时间的时空分布。与 NDVI 序列相关性最强的 SPI 序列所对应的时间尺度被定义为植被对降水的滞后响应时间。由图可见：

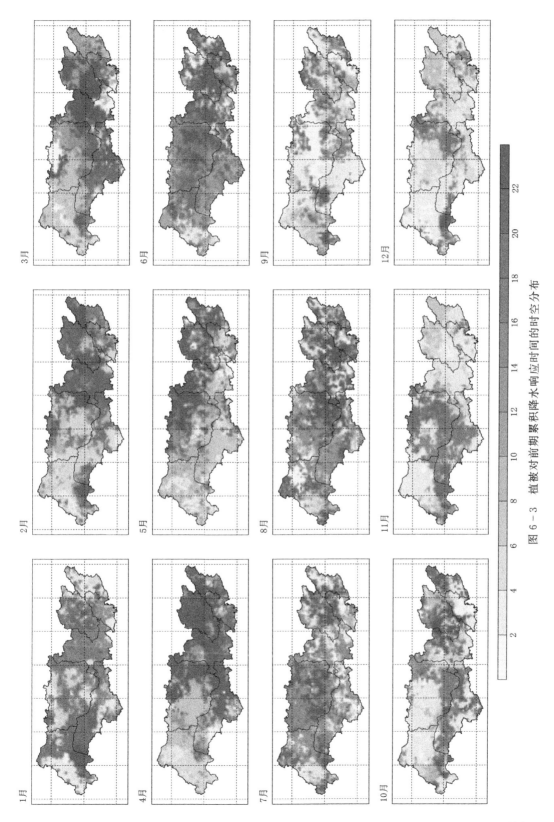

图 6 - 3　植被对前期累积降水响应时间的时空分布

（1）与图 6-2 中 SPI-NDVI 最大相关系数在年内演变过程正好相反，植被响应时间在汛期的 4—8 月明显高于年内其他月份。具体地，在 1—12 月，植被对降水盈亏变化的平均响应时间依次是 12.9、13.6、13.8、15.4、12.8、15.6、13.0、14.3、8.0、9.9、8.7 和 6.9 个月。在季节尺度上，春（3—5 月）、夏（6—8 月）、秋（9—11 月）、冬季（12 月至次年 2 月）植被响应了 14.0、14.3、8.9 和 11.1 个月的前期累积降水变化。植被响应时间呈现出与 SPI-NDVI 最大相关系数相反的年内变化趋势，发现与 Fang 等在我国南方地区得到的结论一致，说明了结果的可靠性。应说明，珠江流域植被在较长时间尺度上响应了降水亏缺。类似时间尺度的滞后响应时间在地中海地区、西班牙和印度也有所报道。其原因在于，土壤湿度和浅层地下水是植被赖以生存的重要水分来源。在珠江流域的研究表明，由于存在缓慢的壤中下渗过程，流域土壤湿度滞后地响应了前期降水变化，滞后时间约为 1~6 个月。同时，在表层土壤之下的含水层中，地下水对降水的响应则更加缓慢（6~24 个月）。另外，植被在长期进化过程中发展出对各种不利条件（如降水亏缺）的抵抗能力，导致受损植被状态与土壤湿度/浅层地下水亏缺之间同样存在滞后响应关系。最终，形成了降水变化对植被较长的影响路径（降水—土壤湿度/浅层地下水—植被）。因此，由图 6-3 识别出植被较长的响应时间具备合理性。

（2）空间上，春季植被对降水的响应时间在北江最长，其后是西江中下游、东江、珠三角、红柳江、郁江，南北盘江最小。夏季植被响应时间在 7 个子流域由大到小的排序为：红柳江、北江、珠三角、东江、西江中下游、郁江和南北盘江。进入秋季，东江植被响应时间最长，随后是郁江、北江、红柳江、西江中下游、南北盘江和珠三角；在冬季，同样按照响应时间递减顺序排列各分区：东江、郁江、北江、红柳江、西江中下游、南北盘江和珠三角。实际上，响应时间可以在一定程度上反映植被对累积降水亏损的抵抗能力。响应时间长，表明植被能够抵御长期的降水亏缺；响应时间短，则说明短期的降水不足，即对植被生长造成不利影响。因此，当干旱发生时，植被的快速响应过程代表了更加不利的情况。综合以上空间分析发现，在年内，南北盘江植被更快地响应了降水亏损；同时，秋、冬两季，珠三角植被响应时间均为最短，应当引起水资源调度和农业部门的注意。

6.5　年内各季节的植被脆弱性分析

如 6.2.1 所述，SPI 指数以概率方式测度了降水的盈亏变化，其正值表明降水充沛（大于长期观测均值），负值表示了降水的亏缺状态（低于均值）。在 6.3 节的相关分析中，SPI 序列中包含着降水亏损和盈余两种情景，因而 NDVI-SPI 相关系数反映了植被活力对降水盈亏变化的综合响应，尚未定量辨识降水亏损还是过盛状态对珠江流域植被的消极影响更加剧烈。因此，有必要首先对比两种水分供应状态下的植被损失概率回答这一重要关切，其结果将强调研究干旱胁迫下植被脆弱性的现实需要。首先根据条件概率公式在年内各月计算降水亏缺（$SPI < 0$）和过盛（$SPI > 0$）状态下 $NDVI$ 低于长期观测均值

（$NDVI < ndvi_{ave}$）的概率；然后计算两种状态下植被损失的概率差，表达式为 $P(NDVI < ndvi_{ave} \mid SPI < 0) - P(NDVI < ndvi_{ave} \mid SPI > 0)$。概率差为正且绝对值越大，表明在缺水状态下植被脆弱性越高；相反地，概率差符号为负且绝对值越大，则说明水分过剩状态下植被的损失更加严重。图 6-4 展示了该概率差的时空分布，分析表明：在年内各月，概率差为正值的像元分别占流域总面积 97.8%、93.3%、98.2%、90.4%、78.6%、72.6%、82.7%、89.8%、89.8%、91.6%、97.1% 和 99.0%。同时，各月（1—12 月）概率差的均值为 0.252、0.171、0.176、0.147、0.099、0.080、0.101、0.159、0.127、0.153、0.221 和 0.257。在流域超过 72.6% 区域发现了正值概率差；说明，降水亏损影响下，植被的脆弱性更高。在季节尺度，冬季的概率差最大（0.227），相比秋季、春季和夏季分别高 26.3%、37.9% 和 50.0%。因此，对比分析表明，降水亏缺超过其过剩状态，会对珠江流域生态系统健康造成更加不利影响。

按照本章提出的植被脆弱性评估框架（图 6-1），通过设置干旱情景和不同的植被状态，计算了干旱发生时植被损失概率，并以概率方式测度干旱胁迫下生态系统的脆弱性。根据 SPI 阈值对干湿状况的分类，设定当 $SPI \leqslant -1$ 为中度以上干旱情景；同时设置受干旱影响的 $NDVI$ 处于 40、30、20 和 10 分位数，代表由小到大的植被损失。对应结果在图 6-5 中展示，各子图右上角的均值是植被损失概率在研究区域的平均值。

逐月计算植被损失概率，并聚合到季节尺度，结果表明：当干旱发生时，春季植被状态低于 40、30、20 和 10 分位数的平均概率分别为 0.533、0.428、0.310 和 0.175；夏季植被受损的可能性相对较低，发生各设定损失的概率为 0.507、0.403、0.289 和 0.161；秋季植被损失概率有所增长，分别为 0.558、0.451、0.331 和 0.189；进入冬季，损失概率达到年内峰值，植被活力低于 40、30、20 和 10 分位数的概率依次是 0.601、0.492、0.363 和 0.208。因此，在冬季，珠江流域植被的平均脆弱性最高，随后分别是秋季、春季和夏季。

同时，对植被损失概率的空间分析有助于在广大的流域范围内识别出生态脆弱区。结果表明：

（1）当考察春季 $NDVI$ 低于 40 百分位数的受损植被状态时，其在七个分区中的南北盘江发生概率最大（0.593），郁江次之（0.566），随后是红柳江（0.540）、北江（0.510）、西江中下游（0.505）、珠三角（0.445）和东江（0.425）。

（2）夏季植被活力低于 40 百分位数的概率在郁江（0.536）和红柳江（0.532）明显较高，位列其后的依次是南北盘江（0.508）、北江（0.498）、西江中下游（0.483）、东江（0.470）和珠三角（0.431）。

（3）在秋季，发生同等植被损失的概率在各分区的排序是：西江中下游（0.603）、北江（0.590）、郁江（0.570）、红柳江（0.568）、东江（0.523）、南北盘江（0.512）和珠三角（0.492）。

（4）冬季，植被受损（$NDVI$ 低于 40 分位数）的概率在西江中下游（0.649）最大，随后是北江（0.643）、郁江（0.632）、红柳江（0.599）、东江（0.595）、珠三角（0.566）和南北盘江（0.528）。

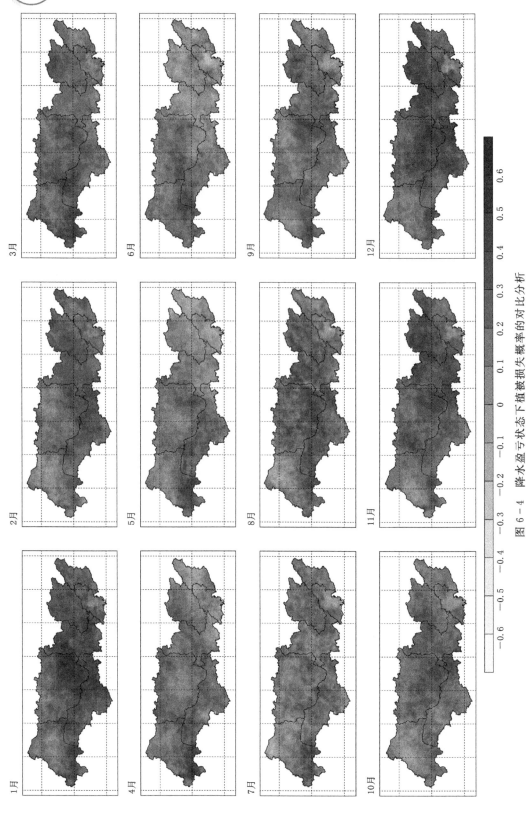

图 6 - 4　降水盈亏状态下植被损失概率的对比分析

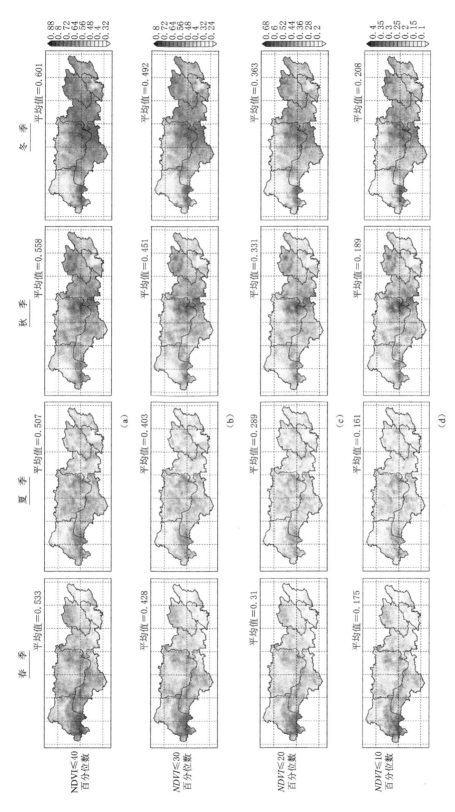

图 6 - 5　受干旱影响不同程度植被损失的条件概率

综上所述，受中度及其以上干旱胁迫，植被脆弱性的均值在珠江流域中部（郁江、红柳江、北江和西江中下游）普遍较高，其次是南北盘江（春夏季高，秋冬季低），流域东部（东江和珠三角）植被的脆弱性一直保持在较低水平。进一步考察更加严重的植被损失（NDVI 低于 30、20 和 10 分位数）时，直观可见对应概率的空间差异更加显著。从中容易发现，植被损失概率的高值主要集中在南北盘江南部、郁江东部和红柳江东南部的连片区域、北江北部局地；说明干旱发生时，对应的生态系统脆弱性最高。

6.6   生态系统暴露度分析

与第 3 章中人口—经济暴露度的定义相似，采用 1982—2018 年 NDVI 月平均值表征干旱影响下生态系统的暴露度。NDVI 均值越高，说明植被生长旺盛且覆盖率高，对应生态系统对干旱的暴露程度高；反之，NDVI 均值低时，暴露度小。图 6 - 6 在 0.1°分辨率上展示了 1982—2018 年珠江流域生态系统暴露度的空间分布。

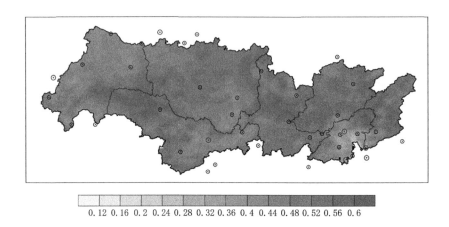

0.12 0.16 0.2 0.24 0.28 0.32 0.36 0.4 0.44 0.48 0.52 0.56 0.6

图 6 - 6   1982—2018 年珠江流域生态系统的暴露度

近 37 年间，生态系统暴露度（以 NDVI 月平均值表征）在珠江流域的均值是 0.491，极大值 0.605 出现在南北盘江，极小值 0.124 位于珠三角。在 7 个子流域中，东江的平均暴露度为 0.522，居全流域首位；北江次之，暴露度均值为 0.519；西江中下游（0.500）、郁江（0.496）、红柳江（0.493）和南北盘江（0.491）稍小；珠三角最小（0.416）。各子流域平均暴露度的最大值（0.522）比全流域均值（0.491）高 6.38%；最小值（0.416）比全流域均值低 15.29%。从像元尺度来看，生态系统暴露度大多是 0.4～0.6。因此，对子流域均值和像元尺度的分析表明，生态系统暴露度在珠江流域的空间分异性整体不大。高值区集中在流域西南部（郁江上游）和东北部（东江和北江大部、西江中下游北部）。图中还标注了地级以上城市，由于其土地利用类型多为人类聚落，植被覆盖率低，对应的生态暴露度明显低于周边地区；尤其以珠三角城市群最为显著，其暴露度指数在 0.4 以下，形成了全流域的低值区。

6.7　1982—2018 年干旱胁迫下生态系统的平均风险

按照式（6.7），累乘干旱发生概率、生态系统暴露度和脆弱性指数，即能评估干旱胁迫下生态系统的风险。其中，在干旱概率估算时，从两变量角度出发考虑了不同重现期水平的历时和烈度同时被超越（AND 关系）最不利情景。表 3-4 给出了干旱频率分析采用的单变量 5 年、10 年、20 年和 30 年重现期干旱历时和烈度。

受干旱胁迫的生态系统风险见图 6-7，首先考察 5 年重现期水平干旱历时-烈度同时发生时，1982—2108 年生态系统的平均风险。从图 6-7（a）可以计算，流域尺度的风险均值为 0.0211。就 7 个分期而言，受到干旱胁时，东江流域生态系统风险最大（0.0290），比流域均值高 37.8%；红柳江次之（0.0268）；随后是郁江（0.0207）、南北盘江（0.0206）、北江（0.0172）和西江中下游（0.0159），均低于流域均值；珠三角的生态风险最小，比流域均值低 48.7%。在 0.1 度分辨率上，平均风险的极大值为 0.0579，是流域均值的 2.74 倍，出现在南北盘江；极小值（5.28×10^{-4}）位于珠三角，仅为流域均值的 2.50%。因此，在干旱胁迫下，珠江流域生态系统风险的空间分异性十分明显。

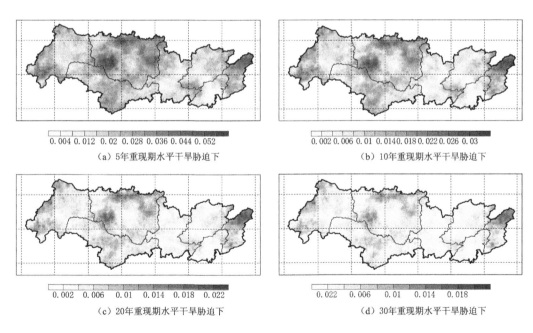

（a）5年重现期水平干旱胁迫下　　（b）10年重现期水平干旱胁迫下

（c）20年重现期水平干旱胁迫下　　（d）30年重现期水平干旱胁迫下

图 6-7　1982—2018 年不同重现期水平干旱胁迫下生态系统风险的平均值

考察 10 年、20 年和 30 年重现期水平历时—烈度发生时的生态风险，发现各分区风险均值的排序基本不变，区别在于南北盘江的生态风险超过郁江，在 7 个分区中仅次于东江和红柳江；像元尺度的极大值和极小值仍然位于南北盘江和珠三角。同时，在更高的重现期水平下，可以更加直观地发现：南北盘江、红柳江、郁江和东江的生态风险明显高于流域中部偏东地区（西江中下游、北江和珠三角）；当干旱发生时，生态系统高风险区主要集中在流域中西部局地（南北盘江西南部、红柳江北部边缘和西南部、郁江中部）和流域东部的东江（特别是其上游地区）。

6.8　干旱胁迫下生态风险的时空演变规律分析

逐年评估了珠江流域的生态风险。以十年为间隔，绘制了干旱胁迫下生态风险的代际变化图；同时，计算了 1982—2018 年风险的年均变化量。对应结果见图 6-8 和图 6-9，共同揭示了近 37 年生态风险的演变规律。

6.8.1　生态系统风险的代际变化

在 5 年重现期水平干旱历时和烈度同时发生情况下，分析生态风险的代际变化。在代际尺度上，珠江流域生态风险均值从 20 世纪 80 年代到 21 世纪最初 10 年，由 0.0137 增加至 0.0259，呈不断上升趋势；随后在近 10 年间又有所回落，减少到 0.0216；代际尺度的风险峰值出现在 2000—2009 年。风险的代际变化规律如下。

（1）20 世纪 80 年代（1982—1989 年），红柳江（0.0230）、南北盘江（0.0144）和郁江（0.0124）的生态风险在 7 个分区中位列前 3 位；在 0.1° 像元尺度上，风险高值区集中在红柳江的西南和东北部、南北盘江的南部边缘。

（2）20 世纪 90 年代（1990—1999 年），生态风险在郁江（0.0250）、红柳江（0.0224）和东江（0.0205）明显偏大；高风险区在红柳江东北部明显萎缩，而在郁江显著扩张，主要集中在南北盘江南部、红柳江西南部和郁江中部的连片区域。

（3）进入 21 世纪（2000—2009 年），东江（0.0376）、红柳江（0.0320）和郁江（0.0263）的生态风险位居前 3 名；高值风险集中在红柳江北部和西部，并零星分布在南北盘江西部和东江下游。

（4）近 10 年来，生态风险在东江最大（0.0450）、随后是北江（0.0250）和南北盘江（0.0240）；东江上游形成了显著的高风险区，风险较高区域还分布在北江、红柳江和南北盘江。归纳 1982—2018 年高风险区的变化发现，珠江流域的生态风险从中部地区（主要指红柳江）向东（东江和北江）和向西（南北盘江）扩张的趋势明显。

当 10 年、20 年和 30 年重现期水平干旱历时和烈度同时发生时，观察到生态风险存在类似的代际变化规律。在多个干旱情景下得到了一致的评估结果，增强了结论的可靠性。

6.8.2　生态风险的年均变化量

统计近 37 年来（1982—2018 年）生态风险的年均变化量发现（图 6-9）：在 5 年、10 年、20 年和 30 年重现期水平干旱胁迫下，珠江流域生态风险的年均变化量分别为 -2.15×10^{-4}、-4.91×10^{-5}、-7.95×10^{-6} 和 1.51×10^{-6}。在 0.1° 像元尺度的分析表明：4 种重现期水平干旱情景下，生态系统风险年均变化量为负值的像元分别有 2403、2234、2143 和 2106 个，占珠江流域总面积的 59.8%、55.5%、53.3% 和 52.4%。因此，过去 37 年间，干旱胁迫下的生态风险在珠江流域过半地区呈缓解趋势。

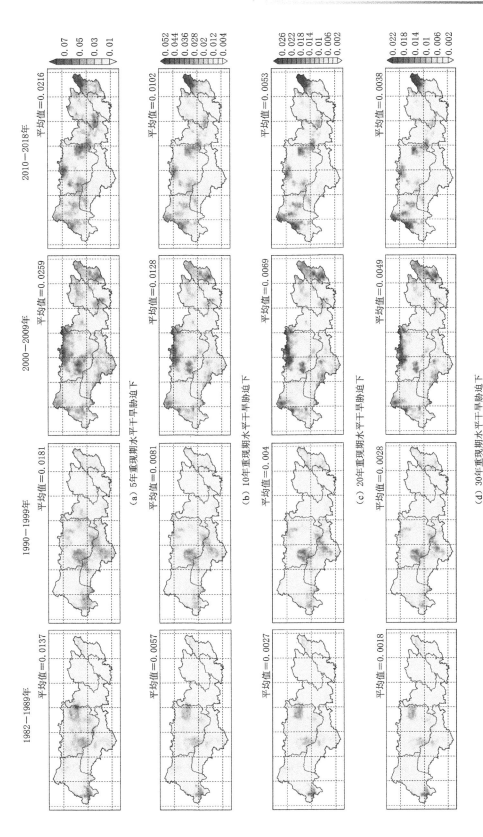

图 6 - 8　不同重现期水平干旱胁迫下生态系统风险的代际变化

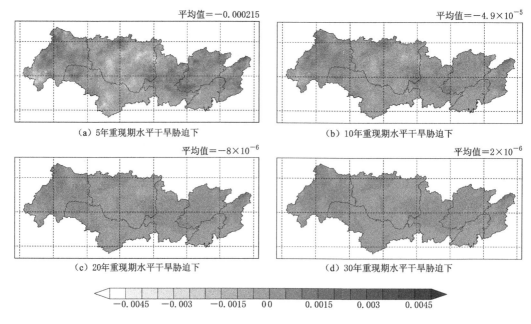

平均值=−0.000215　　　　　　　　　　　　　　平均值=−4.9×10⁻⁵

（a）5年重现期水平干旱胁迫下　　　　　　　　（b）10年重现期水平干旱胁迫下

平均值=−8×10⁻⁶　　　　　　　　　　　　　　平均值=2×10⁻⁶

（c）20年重现期水平干旱胁迫下　　　　　　　　（d）30年重现期水平干旱胁迫下

图 6-9　1982—2018 年不同重现期水平干旱胁迫下生态风险的年均变化值

同时，根据风险的年均变化量，可以识别生态风险加剧的区域。考察 5 年重现期历时和烈度同时发生的情景［图 6-9（a）］，年变化量在西江中下游（6.60×10^{-5}）、北江（5.12×10^{-4}）和东江（3.41×10^{-4}）为正，其他分区均为负值；10 年重现期干旱影响下，南北盘江、西江中下游、北江和东江的年变化量为正，分别是 8.92×10^{-5}、8.75×10^{-5}、2.44×10^{-4} 和 2.55×10^{-4}；20 年重现期干旱胁迫下，风险增量出现在南北盘江（1.04×10^{-4}）、西江中下游（5.62×10^{-5}）、北江（1.15×10^{-4}）和东江（1.35×10^{-4}）；30 年重现期水平干旱发生时，在南北盘江（9.50×10^{-5}）、西江中下游（3.74×10^{-5}）、北江（7.61×10^{-5}）和东江（1.18×10^{-5}）依旧观察生态风险年变化量为正。由此发现受干旱胁迫的生态风险在珠江流域东部（东江、北江和西江中下游大部）和西部（即南北盘江）呈加剧趋势；与 6.8.1 的代际分析结果一致，证明了结论的可靠性。

6.9　小　　结

以往洪旱灾害评估研究多以人类社会作为承灾体，然而生态系统形成了人类赖以生存的物质和服务基础（食物、洁净的空气、饮用水和燃料），干旱等水资源系统灾害对其也会产生严重不利影响。因此，本章将生态系统作为承灾对象，评估了 1982—2018 年干旱胁迫下珠江流域的生态风险及其演变规律。生态风险评估的关键和难点在于量化受到干旱胁迫的生态系统脆弱性。针对这一关键问题，提出了脆弱性的概率评估框架；首先，通过相关分析识别植被对降水盈亏变化的响应时间；在此基础上，模拟植被与降水变化的两变量相依关系；进而，设置干旱情景，估算不同程度的植被损失概率，以此测度受干旱胁迫的植被脆弱性。同时，采用 NDVI 均值表征了生态系统对干旱的暴露程度。最后，累乘干旱发生概率、生态系统暴露度和脆弱性，估算了干旱胁迫下珠江流域的生态风险；还分析了生态风险的代际变化和年际变化，以揭示其演变特征。主要结果总结如下。

（1）对比湿润状态，流域 72.6％以上区域在遭遇降水亏缺时，植被脆弱性更高（植被损失概率大）；当中度及其以上干旱发生时，植被在冬季的脆弱性最高（0.601），比秋季、春季和夏季分别高 7.15％、11.31％和 15.64％；植被脆弱性在流域中部（郁江、红柳江、北江和西江中下游）持续较高，其次是南北盘江（春夏季高，秋冬季低），流域东部（东江和珠三角）植被的脆弱性一直保持在较低水平。

（2）生态系统暴露度的流域均值为 0.491，在 0.1°像元尺度上大多位于 0.4～0.6，空间分异性整体不大；高值区集中在流域西南部（郁江上游）和东北部（东江和北江大部、西江中下游北部）；珠三角城市群的生态暴露度明显较低（0.4 以下），形成了全流域的低值区。

（3）1982—2018 年，南北盘江、红柳江、郁江和东江的生态风险均值明显高于流域中部偏东地区（西江中下游、北江和珠三角）；高风险区主要集中在流域中西部局地（南北盘江西南部、红柳江北部边缘和西南部、郁江中部）和流域东部的东江（特别是上游地区）。

（4）近 37 年间，在干旱胁迫下生态系统风险的年均变化量为 -2.15×10^{-4}；在 4 种干旱情景下，年均变化量为负的像元占流域总面积 52.4％以上。说明生态风险在珠江流域半数以上地区呈减小趋势。年变化量为正的区域主要包括东江、北江、西江中下游和南北盘江，这表明生态风险在珠江流域东部和西部边缘有加剧趋势。

第7章 结论与展望

7.1 结　论

受气候变化驱动，干旱、洪水与气候极值复合事件的频率、强度与影响正在发生明显变化。在此背景下，研究水文气象极值风险及其演变规律可为高效的灾害风险管理奠定基础，对提高流域社会经济安全和生态安全保障水平具有重要意义。为此，本研究以珠江流域为研究对象，围绕生物圈的两大承灾体——人类社会和生态系统，在"风险＝灾害事件概率×暴露度×脆弱性"的定义下，研究了变化环境下洪旱灾害多变量时变风险分析理论与方法，取得的主要结论如下：

（1）采用 SPI 阈值和超定量洪水抽样法，识别了气象干旱、洪水和干湿复合事件，阐明了各风险胁迫源的空间分布。以流域 0.1°网格降水产品为基础，计算了标准化降水指数序列，采用阈值法识别了流域气象干旱事件，可以发现：1979—2018 年，干旱频次与平均历时—烈度属性呈相反的空间分布：流域中部干旱高频区的平均历时和烈度相对较小；而在西部（南北盘江西北部）和东部边缘（东江），干旱场次相对较少，但更容易形成持续时间长、烈度大的旱情。融合样本均值法、分散系数法和年均发生次数法筛选了超定量洪水门限值，从实测径流系列中提取了历史洪水及其属性。在西江（珠江流域防洪重点区域）干支流，洪水平均历时和洪量在岩滩、西津等水库下游明显减小，反映西江流域水利工程对保障流域安全发挥了积极作用。将月值降水聚合到季节尺度，参考 SPI 指数对干湿状态的分类，识别了相邻季节干湿复合事件（包括由干转湿、由湿转干、持续湿润和持续干燥共四类）。近 40 年间，相邻季节干湿复合事件在珠江流域平均发生 21.5 次，流域中东部的北江、珠江三角洲和西江中下游属于高发区（≥22.4 次）。

（2）考虑单变量和两变量相依结构双重非一致性，提出了基于 GAMLSS 模型的多变量极值事件非一致性频率计算方法。分别采用 ADF 检验和 Copula 似然比方法诊断了单变量和两变量关系变异点；然后，区分一致性和非一致性两种情况，采用 GAMLSS 模型拟合了恒定/时变参数单变量边缘分布和两变量联合分布；最后，推导了考虑非一致性的干旱、洪水和干湿复合事件多变量频率计算公式。结果表明：GAMLSS 模型能够灵活、准确地模拟非一致的极值事件边缘和联合分布，且绝大多数观测值落入 95％置信区间。频率分析发现：考虑历时和烈度属性时，气象干旱超越概率在南盘江西部、红柳江西部和北部局地、东江上游和下游局部（惠州一带）明显较高；仅考察单变量烈度属性或者两变量 OR 关系时，额外识别出西江中下游—北江—珠三角的交界地区是超越概率高值区。西江干支流上游洪峰或洪量容易超过设计值，下游更容易出现洪峰和洪量同时超过设计值这一更加不利的情况。在中度、重度和极端情景下，干湿复合事件重现期分别是 2.8 年、

14.2 年和 83.3 年。在 4 类复合事件中，持续湿润/干燥在年内的发生概率普遍高于相邻季节的干湿转换事件（即由干转湿和由湿转干）。

（3）结合承灾体社会经济状况、人类发展水平、水资源压力、地表水域面积、聚落面积、植被覆盖率等空间网格大数据，构造了多维度指数来表征承灾体的暴露度和脆弱性。以网格化的人口、GDP 数据为基础，构造了人口经济暴露度指数；从人类发展、水资源压力、下垫面物理特征 3 个维度出发，量化了人类社会对极值事件的脆弱性。流域中东部（特别是珠三角），人口经济暴露度较高，流域中西部则较低；过去 40 年，人口经济暴露度在全流域呈增长态势（以流域多年平均暴露度 0.526 为基准，年均增长 0.854%）。人类社会脆弱性的空间分布与暴露度恰好相反，且在近 40 年呈减小趋势（以流域多年平均脆弱性 0.256 为基准，年均降幅为 3.64%）。对于生态系统，采用 NDVI 均值表征了生态系统对极值事件的暴露度；建立了概率评估框架，利用植被损失概率直观量化了干旱胁迫下生态系统的脆弱性。可以发现：生态系统暴露度的空间差异不大，大多在 0.4～0.6；高值区集中在流域西南部和东北部；珠三角城市群的生态暴露度明显较低（0.4 以下），形成了全流域的低值区。中度及其以上干旱发生时，冬季植被脆弱性最高（0.601），比秋季、春季和夏季分别高 7.15%、11.31% 和 15.64%；植被脆弱性在流域中部持续偏高，其次是南北盘江，流域东部（东江和珠三角）植被的脆弱性一直保持在较低水平。

（4）融合三大风险决定因子，采用 NCL 空间数据可视化技术和回归分析方法，全面评估了珠江流域洪旱灾害和复合事件的时变风险，绘制了 0.1° 高分辨率风险图，揭示了风险的时空演变规律。1979—2018 年，气象干旱高风险区集中在南北盘江西部、红柳江北部与西南部和东江大部。过去 40 年，流域一半以上（55.10%）地区干旱风险缓解，但在南北盘江西北部、红柳江北部和西江中下游—北江—东江的连片区域不断加剧。西江干流中下游梧州、大湟江口和武宣站的洪水风险明显较大，上游风险微弱。1997—2017 年，西江全流域洪水风险逐渐减小，在干流中下游的武宣、大湟江口和梧州站降幅显著，分别下降 26.94%、31.63% 和 31.65%；快速减小的人类社会脆弱性是洪水风险衰减的主导因素。在 4 类干湿复合事件中，持续干燥/湿润的风险总体高于互转事件（由干转湿和由湿转干）。复合事件风险的时空分异性明显：珠三角和南北盘江风险比其他分区高 21.4%；秋—冬和冬—春季风险比春—夏和夏—秋季高 11.28%。近 40 年来，复合事件风险在珠江流域微弱增长 0.286%/年。空间上，流域东部和西北部增幅更大；在年内，秋—冬和冬—春季风险增速更快。受干旱胁迫，1982—2018 年生态风险高值区集中在流域中西部（南北盘江西南部、红柳江北部和西南部、郁江中部）和东部的东江上游。近 37 年间，干旱胁迫下的生态系统风险年均减小 2.15×10^{-4}，但在流域东部（东江、北江、西江中下游）和西部边缘（南北盘江）有所加剧。

（5）研究发现，南北盘江是气象干旱、干湿复合事件和受干旱胁迫的生态风险高值区，在过去数十年间不断加剧，应当成为 3 类风险的重点管控区域。西江流域下游的洪水风险虽然有缓解的趋势，但是仍显著高于流域其他站点，依然是洪水风险重点防御地区。珠江三角洲经济高度活跃，在全流域具有举足轻重的地位，这里的干旱和生态风险持续较低且在区内大部分地区利好地呈递减态势，但是干湿复合事件的风险却在流域居首位，需要引起足够的关注。

7.2   创   新   点

本研究取得的主要创新点如下。

（1）针对以往风险评估仅考虑人类社会为承灾体，而忽视了灾害对生态系统的影响，即生态系统也是承灾体，采用社会经济状况、人类发展（教育、健康和收入）水平、水资源压力、地表水域面积、聚落面积、植被覆盖率等多源网格化大数据将人类社会与生态系统均作为承灾体，构建了多维度指数和损失概率估算框架，评估了承灾体的暴露度和脆弱性，发展了水资源风险评估体系。

（2）为了应对水文气象极值在短期内频发导致的复合事件，考虑单变量和两变量相依结构双重非一致性，提出了基于 GAMLSS 模型的多变量极值事件非一致性频率计算方法；依据 IPCC 强调的"风险＝灾害事件概率×暴露度×脆弱性"定义，率先提出了干湿复合事件的风险分析方法。

（3）在风险评估模型中融入了极值事件非一致频率计算方法，改进了现有风险评估模型，增加了对极值事件时变频率的表达，有效揭示了极值事件风险演变规律；从气候变化（可能导致灾害频率随时间变化）和承灾体发展轨迹（导致暴露度和脆弱性随时间变化）两个角度出发，揭示了灾害时变风险的驱动机制。

（4）采用空间大数据可视化技术，统筹考虑多胁迫源和两大承灾体，首次研发了一套 $0.1°(\sim 10km)$ 高分辨率的珠江流域干旱、洪水和干湿复合事件风险图，据此容易识别出决策者关心的灾害高风险区。风险图提供了丰富多元的评估成果，将为流域不同利益主体精细化的灾害风险管理奠定基础。

7.3   展   望

本研究虽然围绕干旱、洪水和复合事件 3 类胁迫源，开展了珠江流域水资源系统风险评估研究，但是受到作者技术水平、基础数据可获取性、数据时间跨度等方面限制，仍存在诸多不足之处，有待进一步探讨和完善，后续工作拟从以下 3 个方面入手。

（1）承灾体脆弱性是多维度变量，本研究虽然从人类发展、资源压力、下垫面特征、基础设施状况等角多度出发构建了脆弱性指数，但尚未考虑政府管理（减灾规划和灾害风险管理立法）、减灾科技水平等重要影响因素。同时，更加准确的洪水暴露分析应当结合水动力学模型和土地利用状况。因此，在后续研究中，计划继续收集相关数据，以空间大数据为驱动，结合物理模型，寻求承灾体暴露度和脆弱性更加准确的表达方法，旨在提高风险评估结果的可靠性。

（2）本研究提出的时变风险评估模型包含多元海量数据和复杂的模型结构，然而尚未量化由此导致的结果不确定性。为了向风险管理和决策者提供更加丰富的信息，今后工作将着重从输入数据和模型参数出发开展不确定性分析。具体地，在驱动数据方面，对比同一变量的不同来源数据（如植被状态可分别采用 NDVI、LAI、GPP 等遥感数据来表征）导致的评估结果差异；通过贝叶斯方法推断模型参数的概率分布，合理表达参数不确定性对评估结果的影响。

（3）第 3、第 6 章分别评估了受干旱胁迫的人类社会风险和生态系统风险。显然，人类对干旱的某些响应，如挤占生态流量用于城市供水，可能会加剧生态系统风险；受缺水影响，生态系统难以向人类社会提供充足的食物、生产原料和生物质能源，也将提高干旱胁迫下人类社会的风险水平。这说明两类风险相互耦合，存在着复杂的互馈关系。因此，今后研究将建立风险传递网络，研究人类社会—生态系统风险的互馈机制，为统筹不同承灾体、开发风险综合管理技术提供科学依据。

（4）完全依赖实测资料使本研究的风险评估结果局限于历史时期，对未来洪旱灾害、复合事件风险的预估是制定气候变化适应和减灾策略的重要依据。为此，在今后工作中，计划在不同排放情景下评估洪旱灾害和复合事件的发生频率，根据多种社会经济发展路径（shared socioeconomic pathways）预测承灾体的暴露度和脆弱性水平，最后综合各风险因子，预估未来洪旱灾害的风险。

参 考 文 献

［ 1 ］ MISHRA A K, SINGH V P. A review of drought concepts ［J］. Journal of hydrology, 2010, 391 (1 - 2): 202 - 216.

［ 2 ］ WAHLSTROM M, GUHA - SAPIR D. The human cost of weather - related disasters 1995—2015 ［R］. Geneva, Switzerland: UNDRR, 2015.

［ 3 ］ HE X, PAN M, WEI Z, et al. A Global Drought and Flood Catalogue from 1950 to 2016 ［J］. Bulletin of the American Meteorological Society, 2020, 101, E508 - E535.

［ 4 ］ 郑菲, 孙诚, 李建平. 从气候变化的新视角理解灾害风险, 暴露度, 脆弱性和恢复力 ［J］. 气候变化研究进展, 2012, 8 (2): 79 - 83.

［ 5 ］ 夏军, 石卫, 雒新萍, 等. 气候变化下水资源脆弱性的适应性管理新认识 ［J］. 水科学进展, 2015, 26 (2): 279 - 286.

［ 6 ］ CARRAO H, NAUMANN G, BARBOSA P. Mapping global patterns of drought risk: An empirical framework based on sub - national estimates of hazard, exposure and vulnerability ［J］. Global Environmental Change, 2016, 39: 108 - 124.

［ 7 ］ WENS M, JOHNSON J M, ZAGARIA C, et al. Integrating human behavior dynamics into drought risk assessment—A sociohydrologic, agent - based approach ［J］. Wiley Interdisciplinary Reviews: Water, 2019, 6 (4): e1345.

［ 8 ］ AHMADALIPOUR A, MORADKHANI H, CASTELLETTI A, et al. Future drought risk in Africa: Integrating vulnerability, climate change, and population growth ［J］. Science of the Total Environment, 2019, 662: 672 - 686.

［ 9 ］ LEE G, JUN K S, CHUNG E S. Integrated multi - criteria flood vulnerability approach using fuzzy TOPSIS and Delphi technique ［J］. Natural Hazards and Earth System Sciences, 2013, 13 (5): 1293 - 1312.

［10］ FAN Y R, HUANG W W, HUANG G H, et al. Hydrologic risk analysis in the Yangtze River basin through coupling Gaussian mixtures into copulas ［J］. Advances in Water Resources, 2016, 88: 170 - 185.

［11］ KUNDZEWICZ Z W, SU B, WANG Y, et al. Flood risk in a range of spatial perspectives - from global to local scales ［J］. Natural Hazards and Earth System Sciences, 2019, 19 (7): 1319 - 1328.

［12］ SADEGH M, MOFTAKHARI H, GUPTA H V, et al. Multihazard scenarios for analysis of compound extreme events ［J］. Geophysical Research Letters, 2018, 45 (11): 5470 - 5480.

［13］ ZSCHEISCHLER J, WESTRA S, VAN Den Hurk B J, et al. Future climate risk from compound events ［J］. Nature Climate Change, 2018, 8 (6): 469 - 477.

［14］ APURV T, CAI X. Evaluation of the stationarity assumption for meteorological drought risk estimation at the multi - decadal scale in contiguous US ［J］. Water Resources Research, 2019, 55 (6), 5074 - 5101.

［15］ 杜涛, 熊立华, 李帅, 等. 基于风险的非一致性设计洪水及其不确定性研究 ［J］. 水利学报, 2018, 49 (2): 241 - 253.

［16］ 梁忠民, 胡义明, 王军. 非一致性水文频率分析的研究进展 ［J］. 水科学进展, 2011, 22 (6):

864 - 871.

[17] 黄强，孔波，樊晶晶. 水文要素变异综合诊断 [J]. 人民黄河，2016，38（10）：18 - 23.

[18] XIONG L，JIANG C，XU C Y，et al. A framework of change - point detection for multivariate hydrological series [J]. Water Resources Research，2015，51（10）：8198 - 8217.

[19] RIGBY R A，STASINOPOULOS DM. Generalized additive models for location，scale and shape [J]. Journal of the Royal Statistical Society：Series C（Applied Statistics），2005，54（3）：507 - 554.

[20] 徐翔宇，许凯，杨大文，等. 多变量干旱事件识别与频率计算方法 [J]. 水科学进展，2019，30（3）：373 - 381.

[21] DUROCHER M，MOSTOFI Z S，BURN D H，et al. Comparison of automatic procedures for selecting flood peaks over threshold based on goodness - of - fit tests [J]. Hydrological Processes，2018，32（18）：2874 - 2887.

[22] 张丽娟，陈晓宏，叶长青，等. 考虑历史洪水的武江超定量洪水频率分析水利学报 [J].2013，44（3）：268 - 275.

[23] 杨家伟，陈华，侯雨坤，等. 基于气象旱涝指数的旱涝急转事件识别方法 [J]. 地理学报，2019，74（11：2358 - 2370.

[24] WU J，TAN X，CHEN X，et al. Dynamic changes of the dryness/wetness characteristics in the largest river basin of South China and their possible climate driving factors [J]. Atmospheric Research，2020，232：104685.

[25] MAZDIYASNI O，AGHAKOUCHAK A. Substantial increase in concurrent droughts and heatwaves in the United States [J]. Proceedings of the National Academy of Sciences，2015，112（37）：11484 - 11489.

[26] ZSCHEISCHLER J，SENEVIRATNE S I. Dependence of drivers affects risks associated with compound events [J]. Science Advances，2017，3（6）：e1700263.

[27] VICENTE - SERRANO S M，GOUVEIA C，CAMARERO J J，et al. Response of vegetation to drought time - scales across global land biomes [J]. Proceedings of the National Academy of Sciences，2013，110（1）：52 - 57.

[28] BOTTERO A，D'AMATO A W，PALIK B J，et al. Density - dependent vulnerability of forest ecosystems to drought [J]. Journal of Applied Ecology，2017，54（6）：1605 - 1614.

[29] FANG W，HUANG S，HUANG Q，et al. Probabilistic assessment of remote sensing - based terrestrial vegetation vulnerability to drought stress of the Loess Plateau in China [J]. Remote Sensing of Environment，2019，232：111290.